复合性状转基因作物
发展与管理

FUHE XINGZHUANG
ZHUANJIYIN
ZUOWU
FAZHAN YU
GUANLI

徐琳杰　主编

中国农业出版社
CHINA AGRICULTURE PRESS
北　京

图书在版编目（CIP）数据

复合性状转基因作物发展与管理/徐琳杰主编．—北京：中国农业出版社，2019.12

ISBN 978-7-109-25264-6

Ⅰ.①复… Ⅱ.①徐… Ⅲ.①转基因植物-作物-研究 Ⅳ.①S33

中国版本图书馆CIP数据核字（2019）第033030号

中国农业出版社出版

地址：北京市朝阳区麦子店街18号楼

邮编：100125

责任编辑：丁瑞华 张丽四 王庆宁 刘昊阳

版式设计：王 晨 责任校对：刘丽香 责任印制：王 宏

印刷：中农印务有限公司

版次：2019年12月第1版

印次：2019年12月北京第1次印刷

发行：新华书店北京发行所

开本：889mm×1194mm 1/32

印张：5.5

字数：250千字

定价：58.00元

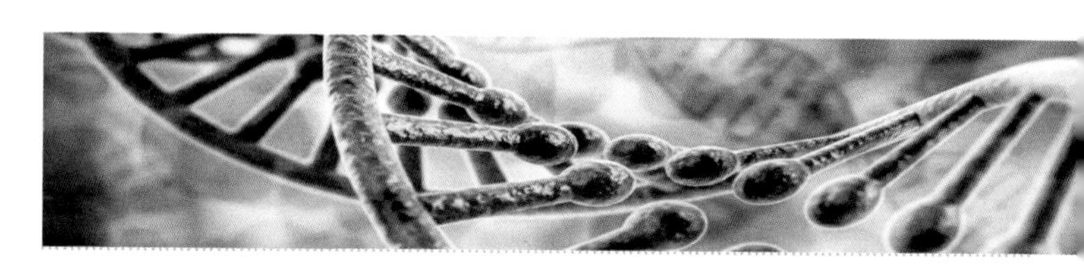

编写委员会

主　编： 徐琳杰

副主编： 刘培磊　王旭静

编　委： 王志兴　熊　鹂　刘　刚　何康来
张天涛　许文涛　贺晓云　盛　耀

前言

转基因作物商业化种植20多年来，伴随着单性状产品的逐渐丰富和研发单位相互授权，复合性状已成为转基因作物发展的一个重要趋势。复合性状转基因作物含有两个或两个以上目标性状或外源目的基因，具有集成创新、节省资源、满足多元化需求、提高资源利用效率等优势。2017年，在24个转基因作物种植国家中，美国、巴西、阿根廷、加拿大、菲律宾等15个国家种植了复合性状转基因作物，复合性状转基因作物种植面积达到全球转基因作物种植总面积的41%。当前，已有200余个复合性状转基因作物被批准商业化应用，涉及的作物包括棉花、玉米、大豆和油菜等。随着市场成熟及供应增多，复合性状的种类将更加丰富多样，复合的广度和强度将不断提升，复合性状转基因作物的商业化应用将会持续增长。

目前，全球已有十多个国家和地区制定了复合性状转基因作物的安全管理规范，但管理要求不尽相同。在国家转基因生物新品种培育科技重大专项等项目的支持下，我国已形成单一性状和复合性状兼顾的转基因作物研发格局。国外复合性状转基因农产品也相继申请出口我国。做好复合性状转基因作物应用与管理研究，将对我国开展相关工作提供有益参考。

2013年以来，我们对全球复合性状转基因作物的发展现状和安全管理方面进行了调研和梳理，并根据调研成果撰写了本书。本书从复合性状转基因作物的发展历程、商业化应用情况、风险评估考虑、国外复合性状转基因作物安全管理以及我国复合性状转基因作物安全管理等方面进行了分析和探讨，希望能帮助读者更好地理解复合性状转基因作物的发展与管理。由于水平有限，书中难免会有不足之处，希望读者谅解，不吝赐教。

编　者

目录

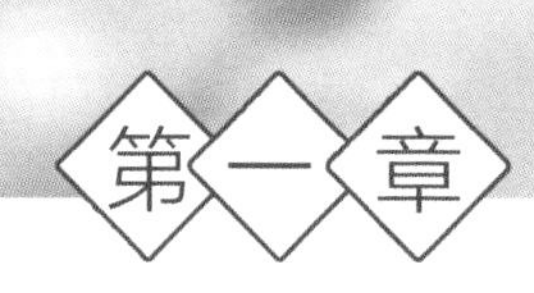

复合性状转基因作物发展历程

第一节　复合性状转基因作物的由来

1973年，科学家科恩和博耶将遗传物质从一个生物转移到另一个生物，转基因技术从此诞生。以DNA重组和转基因技术为核心的现代生物技术，开始在医药、农业、食品、能源和环保领域广泛应用。转基因育种能够打破物种界限，实现基因转移和作物性状的定向改造，大大拓宽了遗传资源利用范围，在解决粮食增产、节水、增效以及提高土地利用率和改进农产品质量等方面显现出巨大的潜力。1988年，全球首例抗草甘膦转基因大豆研发诞生。1996年，转基因作物首次实现大规模商业化种植，随后，全球转基因作物种植面积稳步增长。2017年，转基因作物的种植面积达到1.898亿公顷，是1996年的100多倍，约占全球15亿公顷耕地的12.65%。20余年来，全球批准的转基因性状不断增多，涉及抗除草剂、抗虫、耐旱、品质改良等诸多功能。这些性状给广大的农民带来极大益处，例如增产、减少杀虫剂使用、简化杂草管理等。复合性状转基因作物指同一植株中含有两个或两个以上转基因性状或外源目的基因的作物，此类转基因作物以使用方便、效能高、投入和管理要求相对较少等多种优势，受到越来越多研发者和种植者的青睐。

（一）为什么需要复合性状转基因作物

现代农业的发展对转基因作物性状的需求越来越高，单一性状的转基因作物已经不能很好地满足农业生产的需要，作物育种家利用多种方法将所需性状进行复合，于是就出现了聚合两种或两种以上性状的复合性状转基因作物。

事实上，早在18世纪，人们就开始采取常规杂交育种的方法，聚集种植者和消费者所需的多种优良性状，不断提升农作物的质量和生产力。尽管人们对其中大多数性状的遗传和生化基础都不是很清楚，但还是通过常规杂交育种的方法将多个性状复合在一起，创造了新的、稳定的杂交品种。复合性状转基因作物的产生正是延续了这一育种方式，聚集通过转基因技术实现的优良性状，使作物满足农业发展的多方面需求。

在自然界中，大多数的作物农艺性状是以多基因共同调控的形式存在。要改变复杂的生物合成途径或者优化多基因控制的农艺性状，往往要求将多个基因共同整合到植物基因组中，并且在后代中稳定遗传和表达。例如，抗逆性、养分高效利用及品质改良等大都是多基因控制的复杂性状，需要通过组合不同作用机制的基因实现，需要复合性状来实现。

（二）第一例复合性状转基因作物

1996年，抗除草剂大豆、抗虫玉米、抗虫棉花、抗除草剂棉花、抗除草剂玉米纷纷进入市场。1997年，首个复合性状转基因作物，由Bollgard抗虫棉花与抗除草剂草甘膦的Roundup Ready棉花杂交获得的抗虫抗除草剂Bollgard/Roundup Ready复合性状转基因棉花开始商业化种植。2000年，美国抗虫抗除草剂复合性状转基因棉花种植面积占其棉花总种植面积的比例达到20%。2010年，这一数值为58%，首次超过一半。随着Bollgard/Roundup Ready棉花成功商业化，生物技术研发者开始寻求将更多的性状组合在一起，培育更多的复合性状转基因作物。

第二节　如何获得复合性状转基因作物

按产品的获得途径，可将复合性状转基因作物划分为三种类型。

（1）育种复合性状转基因作物（Breeding stack）：利用两个或两个以上已获得的转化体，通过常规育种将转基因性状聚合。

（2）转化复合性状转基因作物（Transformation stack），也称为再转化复合性状转基因作物：转化现有的转基因作物，将目的基因导入已获得的转基因受体中。

（3）分子复合性状转基因作物（Molecular stack），也称为共转化复合性状转基因作物：将两个或两个以上目的基因构建到同一载体，同时插入到受体基因组中而获得的产品。

经济合作与发展组织（Organization for Economic Cooperation and Development, OECD）认为复合性状转基因作物是指包括一个以上转化体（transformation event）的转基因产品。在此定义下，复合性状转基因作物指的是再转化复合性状转基因作物和育种复合性状转基因作物。本书中则采用了更为广泛的概念，将同一植株中含有两个或两个以上的转基因性状或外源目的基因的情况都纳入讨论。

（一）育种复合性状转基因作物

作物育种有很长的发展历史，通过育种获得复合性状转基因作物是较为简便的方法。对于转入的基因而言，如果两个亲本都是纯合子，那么它们所有的杂交后代都含有这两个基因

（图1-1）。通过育种获得复合性状转基因作物最大的优势为具有灵活性。灵活性一方面表现在可以利用已经通过安全评价、获得批准和商业化的转化体杂交育种，将带有单一性状的转化体进行组合，获得具有叠加或更好性状功效的产品。国际上，有些国家对这些育种复合性状产品的商业化不需要额外的审批；而有些国家需要，但审批要求少于对一个全新转化体的审批要求，审批速度也相对较快。灵活性另一方面表现在可以针对不同的市场和农情（例如根据不同地区的虫害情况）有针对性地选择组合不同的性状。然而，通过育种复合聚集不同性状有时需要做大量的回交，才能获得可供商业化的优良性状，操作过程较为耗时。

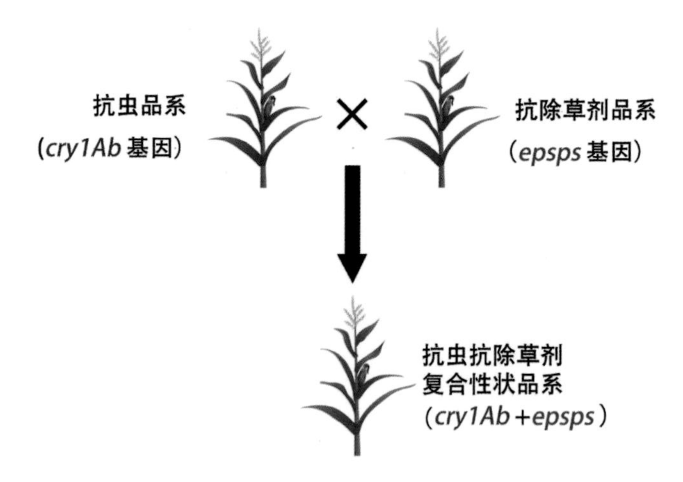

图1-1　通过育种方法获得复合性状转基因作物

将含有不同*Bt*基因的植株进行杂交，是延缓害虫对Bt蛋白产生抗性的有效方法。例如，试验发现，通过常规育种聚合两种*Bt*基因*cry1Ac*和*cry1C*的花椰菜，可很好地控制对单个Cry1Ac或Cry1C蛋白具有抗性的小菜蛾；将拥有白叶枯病抗性基因*Xa21*的水稻，与拥有抗三化螟的*Bt*融合基因的水稻进行常规杂交，获得了既抗病又抗虫的水稻。

目前，大多数商业化的复合性状转基因作物是一系列经广泛认可和接受的育种复合性状产品，例如抗虫抗除草剂玉米Bt11 × MIR162 × TC1507 × GA2、抗虫抗除草剂棉花MON88913 × MON15985等。

（二）转化复合性状转基因作物

转化复合性状转基因作物不需要通过有性杂交来获得。因此，通过这种方法可将多个基因转入无性繁殖植物或者其他不便于杂交的植物中，例如土豆、多年生植物等。与育种复合性状作物不同的是，再转化能保持受体植物基因型的完整性，不会由于杂交而导致丢失已存在的其他良好性状。

2000年，Hird等人通过利用绒毡层特异启动子，在烟草花药绒毡层细胞中特异地表达β-1,3-葡聚糖酶基因，破坏了花粉的形成过程，从而获得了雄性不育的烟草植株。为了获得育性恢复系，研究者测试了以β-1,3-葡聚糖酶mRNA为目标的反义RNA系统，然后向雄性不育的烟草植株再次转入反义β-1,3-葡聚糖酶基因片段，并在花药绒毡层细胞中特异表达，从而恢复了育性。这里的育性恢复转基因植株就是通过再转化而实现。

2003年，科研人员通过先后转入表达二氢黄酮醇4-还原酶的基因以及表达花青素合成酶的基因，向连翘花中引入花色素苷合成系统，使得花瓣颜色呈现全新的黄铜色。同样，向烟草植株中引入乙二醛酶通路的两个基因提高了烟草耐盐性，比单独转入一个基因的烟草耐盐性更强。

抗虫棉花MON531是通过农杆菌介导转化法将杀虫蛋白基因*cry1Ac*的DNA序列组件插入到棉花基因组中，而MON15985

通过基因枪法的方法再转化，将*cry2Ab2*基因插入到MON531基因组中，从而获得了拥有两个抗虫基因的抗虫棉。

再转化获得复合性状转基因作物的策略需要多种选择标记基因，因为前后的每次转化中需要采用不同的标记基因。虽然可用的选择标记基因在逐渐增多，但标记基因在转基因作物中的增加，会给监管审批及公众接受度上带来一定阻碍。对于无性繁殖的转化复合性状产品，这个问题更加突出。因为在之后的育种中，不太可能通过异交删除选择标记基因。目前，科研人员已研发出一些体系可以移除选择标记基因，为克服这个局限性带来一定帮助。

（三）分子复合性状转基因作物

在分子复合性状转基因作物即共转化复合性状转基因作物中，每个转化载体可以包含多个基因或者融合基因。由于分子复合性状转基因作物是将多基因同时插入单一的转基因位点，其和育种复合性状转基因作物、转化复合性状转基因作物不同，后代性状一般不会分离，与单一基因表现基本相同，这让性状转育以及品系使用更简便。许多第一代复合性状转基因作物是通过这种方式使得植株同时获得抗除草剂和抗虫的复合性状。例如，玉米转化体Bt11包含了表达草铵膦抗性的*pat*基因以及表达欧洲玉米螟抗性的*cry1Ab*基因。

随着基因工程技术的发展，更多的基因可被构建进同一个转化载体中。如果一个载体可以携带不同作用机制的多种基因，那么下游的育种工作可被极大简化。目前，在作物中同时插入多个基因的技术取得了实质性的进步，尤其是在大片段DNA整合、位点特异性整合及微型染色体技术方面。特别是随着基因组编辑技术的发展，位点特异性整合越来越成为可能。

第三节　复合性状转基因作物的优势

总的来说，与单一性状转基因作物相比，复合性状转基因作物有如下优势：一是将常规杂交育种方式和现代基因育种方式结合，达到了创新和节约资源的目的；二是扩展了转基因作物的应用范围，可以满足多元化的发展需求；三是提高了现有的转基因作物的资源利用率，以现有的转基因作物为育种材料，充分整合资源，节省了研究过程，降低了研发成本。与单一性状的作物品系相比，复合性状转基因作物为农民在复杂的田间条件下，提供了更多的农业解决方案。复合性状转基因产品的出现，为解决如虫害、病害、杂草以及环境压力等问题提供了更多途径。

（一）靶标害虫治理优势

基于Bt蛋白的抗虫性状已经成为现代农业中重要的工具，为了使该性状能可持续应用，非常重要的一点是要防止靶标害虫对Bt蛋白产生抗性，虫害的抗性管理因而非常重要。

一般来说，为了延缓害虫抗性的产生，在种植抗虫转基因作物时要建立害虫庇护所，研发者通过和农户签署协议、在抗虫转基因种子中掺入一定比例的非抗虫种子等方式保证在种植抗虫转基因作物的同时会种植一定比例的非抗虫作物。种植非抗虫作物作为庇护所，使得部分易感害虫能够存活，并与少数产生抗性的害虫进行交配，大大降低了其具有抗性的后代比例，从而防止抗性害虫数目上涨。实验室和温室试验以及大规模研究结果表明，庇护所能有效延缓抗性的出现。美国环境保护局要求，单基因作用模式的抗虫作物，庇护所的比例至少为20%。在棉花种植区域，最多只有50%的玉米种植区域可以种植抗玉米螟的玉米，因为玉米是棉铃虫的轮换寄主。

抗虫性状复合有利于帮助转基因作物抵抗多种害虫侵袭、提高抗虫效率，还有利于虫害的抗性管理。研发人员开始利用两种或更多的抗虫基因作用模式防治主要害虫，进而减少抗性产生和发展的机会，并且减少庇护所面积的比例。如果是单基因作用模式的抗虫作物，庇护所的比例一般为20%。种植两个或更多抗虫性状复合的转基因作物可以使得减少抗性所需的庇护所比例由20% 减为5%。近些年，对一些采用不同作用机制的转双*Bt*基因的棉花和玉米产品，美国环境保护局批准减少其庇护所比例。例如，Agrisur Viptera 3111品种转入了两个鳞翅目抗性蛋白基因（*cry1Ab*和*vip3A*）和一个鞘翅目抗性蛋白基因（*mcry3A*），因此在棉花种植区域，玉米螟庇护所面积比例由50% 降低至20%。

（二）杂草管理优势

目前，最广泛使用的抗除草剂作物为抗草甘膦作物。随着草甘膦的大面积使用，与其他广泛使用的农药一样，世界上的一些地区出现了草甘膦抗性杂草，因此在未来需要采用额外或者替代的除草剂耐受性状来进行杂草管理，尤其对于双子叶作物，如油菜、大豆和棉花。研发者们正在开发替代性的杂草控制技术，例如，转入麦草畏单加氧酶*dmo*基因获得抗麦草畏大豆，用来控制草甘膦抗性杂草；同时转入乙酰乳酸合酶抑制剂和草甘膦耐受基因，得到能够耐受磺酰脲类、咪唑啉酮类除草剂和草甘膦的作物。

研究人员正在开发复合多种作用机制的抗除草剂作物，如果某类杂草对某种除草剂具有抗性，通过其他除草作用机制的除草剂则可能对其有效果。通过开发对多种除草剂耐受的作物，交替使用不同作用机制的除草剂或者使用除草剂混合物，能有效延缓杂草抗性的发生，大大延长除草剂和抗除草剂作物的使用周期。

（三）田间作业优势

抗虫抗除草剂作物是目前采用率最高的复合性状转基因作物。美国转基因玉米、棉花主要为抗虫和抗除草剂两种性状。一方面种植抗虫抗除草剂复合性状转基因作物具有方便性、简单性和灵活性，大大减少了喷洒农药和除草产生的人工成本和辛苦劳作，减轻了农民劳动力投入时间，给农民带来了诸多非直接经济收益。另一方面，多个抗虫基因的复合，有利于转基因作物提高抗虫效率，进一步减少杀虫剂使用量。

（四）潜在的增产优势

在气候环境变化、人口增长、城镇化推进等多重压力下，全球面临着更多食物需求的长期挑战。据国际农业生物技术应用服务组织（ISAAA）报告，1996—2016年，种植转基因作物使作物产量增加6.576亿吨，产值增加1 861亿美元，仅2016年一年就增产8 220万吨，产值达到182亿美元。其中，种植面积占全球转基因作物种植总面积41%的复合性状转基因作物扮演了重要作用。

以美国为例，1999年，美国玉米产量为559.45千克/亩*。美国农业部数据显示，从2000年开始，美国农民开始种植抗虫抗除草剂性状复合的转基因玉米，种植比例由1%攀升到2017年的77%，仅抗虫和仅抗除草剂性状玉米分别只占3% 和12%。2017年，美国玉米产量为738.41千克/亩，比没有采用复合性状转基因作物的1999年产量增长了31.9%。美国农业部2014年出版的《美国转基因作物》（*Genetically*

*亩为非法定计量单位，1亩≈666.67米^2。——编者注

Engineered Crops in the United States）也分析显示，复合性状转基因玉米会比常规玉米和单一性状转基因玉米更高产。转基因作物，尤其是复合性状转基因作物在提升作物产量、保障粮食供给中起到了重要作用。

此外，对于抗虫作物来说，种植两个或更多抗虫性状复合的转基因作物可以使得减少抗性所需的庇护所比例由20%减为5%，而多种植15%面积的抗虫作物将产生更多的经济效益。进一步开发复合性状转基因作物，减少所需庇护所面积，提高抗虫作物种植面积，能有效提高作物产量，相应地降低农业链条成本，促进农业经济。以玉米为例，玉米及其副产品的应用很广，如玉米粕、玉米粉、玉米糖浆和玉米淀粉等，另一些产品，如胶水、油和青霉素也可由玉米加工而来，因此玉米价格高低的影响会广泛地传递到产业链中。

第四节　未来的复合性状转基因作物

转基因技术自诞生后发展迅速，已成为现代生物技术的核心之一，在缓解资源约束、保障食物安全、增强农产品贸易竞争力、保护生态环境、拓展农业功能等方面发挥显著作用，是世界上应用最为迅速的技术之一。在转基因作物商业化22年之后的2017年，24个国家种植了1.898亿公顷转基因作物，比2016年的1.851亿公顷增加了470万公顷。22年间，转基因作物的商业化种植面积累计达到23亿公顷。

早期商业化种植的转基因作物主要为单一性状，例如抗除草剂或抗虫。目前的转基因品种培育呈现多基因聚合、多性状叠加的趋势，为种植者提供更灵活多样的性能。复合性状作物显然很受广大农民的垂青。当前，已有200余个复合性状转基因作物被批准商业化应用。2017年，复合性状转基因作物的种植面积从2013年的4 710万公顷增长到7 770万公顷，增加了65%。随着复合性状转基因作物产品日益丰富，复合性状转基因作物的应用趋势有望继续增长，并给人类带来极大效益。

目前，在商业化应用的转基因作物中，抗虫和抗除草剂性状仍是主要应用的性状。与此同时，更多的新性状不断涌现，例如品质改良性状（如抗褐变马铃薯和苹果等）、新的抗病性状（抗枯萎病香蕉、抗病毒木薯等）、抗旱性状（玉米、大豆、小麦）、抗线虫性状（马铃薯和大豆）和农艺性状改良等。含有复合功能基因、提高作物抗逆性状以及改善营养、增进健康的转基因作物研发明显提速，大大拓宽了可以进行复合的性状的种类和范围。

与此同时，研发人员目前也在开发一些与多个基因相关的性状，例如产量、氮利用率、抗病、籽粒品质等，这些复杂农艺性状的表现需要转入多个基因进行稳固。此时，往往需要通过基因工程技术的方法同时转入多个基因，实现多性状或多基因控制的复合性状表现。

展望未来，作为单性状转基因作物的延伸和发展，复合性状转基因作物的种类将会更加丰富多样，涉及更多的性状、基因和作物，为更好地解决粮食安全、生态安全、农业可持续发展等问题提供有力工具。

复合性状转基因作物商业化应用情况

第一节　复合性状转基因作物推广情况

自人类进入农耕社会，每一次农作物改良均源于优良基因的选择。选择育种是选择自然突变的基因，杂交育种是聚合优良性状的基因，诱变育种是选择人工突变的基因。转基因技术是在更大范围内实现基因聚合，与传统技术只能在近缘属种间实现基因转移不同，转基因技术可以将来自植物，甚至动物、微生物的优良基因转移到作物中，大大扩充了优良性状的来源。复合性状转基因作物在此基础上，不断聚合并叠加优良基因，是转基因作物不断发展的重要特征趋势。

（一）全球转基因作物推广情况

自1996年以来，全球广泛种植的转基因作物主要是大豆、玉米、棉花和油菜。2017年，转基因作物的种植面积达到1.898亿公顷。其中，转基因大豆的种植面积位居首位，达到0.94亿公顷，占全球转基因作物总种植面积的约50%，占全球大豆种植面积的77%；其次为玉米，种植面积0.60亿公顷，占全球玉米种植面积的32%；棉花和油菜种植面积分别为0.22亿公顷和0.1亿公顷，占全球棉花和油菜种植面积的80%和30%。转基因作物涉及的农艺性状主要为抗虫、抗除草剂、育性控制、品质改良、抗旱等，其中耐除草剂性状是大豆、油菜、玉米、苜蓿和棉花的主要性状，耐除草剂性状转基因作物在2017年的种植面积占全球转基因作物总种植面积的47%。

2017年，全球批准29个转基因作物商业化应用，除玉米、大豆、棉花和油菜以外，苜蓿、甜菜、木瓜、南瓜、茄子、马铃薯和苹果这些转基因作物也均已上市。24个国家种植转基因作物，批准转基因作物进口或种植的国家或地区已经达到67个，美国、巴西、阿根廷、加拿大和印度五大转基因作物种植国的转基因作物种植面积占全球转基因作物种植面积的91.3%。各国2017年转基因作物的种植面积见表2-1。

表2-1　各国2017年转基因作物的种植面积

国家	种植面积/百万公顷
美国	75.0
巴西	50.2
阿根廷	23.6
加拿大	13.1
印度	11.4
巴拉圭	3.0
巴基斯坦	3.0
中国	2.8
南非	2.7
玻利维亚	1.3
乌拉圭	1.1
澳大利亚	0.9
菲律宾	0.6
缅甸	0.3
苏丹	0.2
西班牙	0.1
墨西哥	0.1

（续）

国家	种植面积/百万公顷
哥伦比亚	0.1
越南	<0.1
洪都拉斯	<0.1
智利	<0.1
葡萄牙	<0.1
孟加拉国	<0.1
哥斯达黎加	<0.1

注：信息来自国际农业生物技术应用服务组织。

（二）全球复合性状转基因作物推广情况

2003年，在商业化种植的转基因作物中仅有8%含有复合性状。主要的复合性状转基因作物为抗虫抗除草剂的玉米和棉花，通常含有2个外源目的基因，抗除草剂基因也可以用作转化植物材料的选择标记，如*bar*基因。仅有少数带有3个或更多基因的复合性状转基因作物获得了监管机构的批准。

在全球范围内，美国引领复合性状转基因产品的应用。截至2017年，在美国种植的玉米和棉花中，复合性状所占的比例分别为77%和80%。不同的抗虫基因和抗除草剂基因间进行复合叠加变得越来越普遍，复合性状转基因作物种植面积占美国转基因作物总种植面积的近2/3。

在世界范围内，复合性状转基因作物在许多国家都受到种植者的欢迎。据国际农业生物技术应用服务组织统计，复合性状转基因作物的种植面积持续增加，2017年全球复合性状转基因植物种植面积约7 770万公顷，占转基因植物总种植面积的41%，成为当前发展最快的转基因作物类型（图2-1）。在早期，复合性状转基因作物种植面积的增长主要是源于抗虫抗除草剂棉花的推广。2000年后，抗虫抗除草剂玉米推进速度加快。近年来，复合性状转基因作物采用率进一步提高是由于抗虫抗除草剂大豆种植面积的增加，这些抗虫抗除草剂大豆主要在巴西、阿根廷、巴拉圭和乌拉圭等国种植。美国种植的都是抗除草剂大豆。

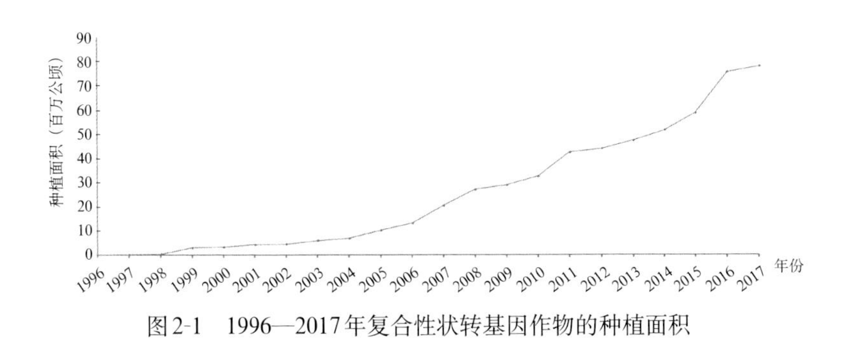

图2-1　1996—2017年复合性状转基因作物的种植面积

随着农业生物技术研发的不断深入，全球获得批准的转化体数量在逐渐增加，为多性状复合积累了丰富的转化体资源。同时，研发人员开始相互授权彼此的转化体，许多新的复合性状转基因作物进入市场，其中玉米的育种复合性状产品最多，这与玉米更容易进行杂交有一定关系（图2-2）。全球各个国家和地区对育种复合性状转基因作物的审批要求不尽相同，一些国家可能不对部分育种复合性状转基因作物进行审批管理。因此，与单一性状转化体审批信息较为明确相比，育种复合性状产品获批数量估测可能会有所偏差。从可查信息来看，获批的育种复合性状产品数量已经接近全球获批转化体数量的一半，成为主要的转基因作物类型。

当前，已有200多个育种复合性状产品被批准商业化应用，复合的性状以抗虫抗除草剂、多基因抗虫为主，涉及的作物包括棉花、玉米、大豆、油菜和苜蓿（图2-2）。

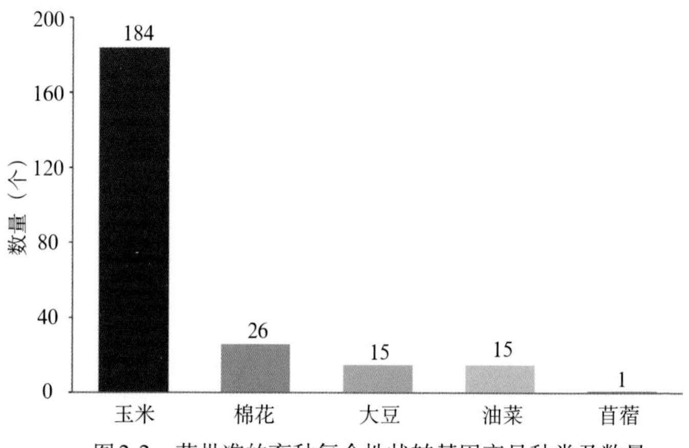

图2-2　获批准的育种复合性状转基因产品种类及数量

从复合性状转基因作物种植的国家/地区来看，2017年有15个国家种植了具有两个或多个目标基因叠加的转基因作物，其中12个国家为发展中国家。越南在2015年首次种植转基因作物，种植的就是复合性状抗虫抗除草剂玉米。2017年各国复合性状转基因作物的种植面积见表2-2。

表2-2　2017年各国复合性状转基因作物的种植面积

国家	种植面积/百万公顷
巴西	32.4
美国	32.2
阿根廷	7.7
加拿大	1.5
南非	1.3
巴拉圭	1.2
菲律宾	0.6
澳大利亚	0.4
乌拉圭	0.3
墨西哥	0.1

（续）

国家	种植面积/百万公顷
哥伦比亚	<0.1
洪都拉斯	<0.1
越南	<0.1
智利	<0.1
哥斯达黎加	<0.1

注：信息来自国际农业生物技术应用服务组织。

（三）美国复合性状转基因作物推广情况

作为转基因农产品生产和出口大国，美国自20世纪90年代以来，一直在农业转基因技术的研发和应用领域保持领先地位。2017年，美国仍然保持全球最大的转基因作物种植面积——7 503万公顷，其中包括3 405万公顷大豆、3 384万公顷玉米、458万公顷棉花、122万公顷苜蓿、87.6万公顷油菜、45.8万公顷甜菜、3 000公顷马铃薯以及转基因苹果、南瓜和木瓜各1 000公顷。2017年，美国转基因玉米、大豆、棉花、油菜的采用率分别达到92%、94%、93%、100%，约15%的玉米和50%的大豆用于出口，玉米和大豆出口量均约占全球玉米、大豆总出口量的40%。美国不仅是转基因作物推广面积最大的国家，也是复合性状转基因作物种植面积第二大国家，几乎和排名第一的巴西所种的复合性状转基因作物种植面积一样。从2000年开始，农民开始种植抗虫抗除草剂性状复合的转基因玉米，种植比例由1%攀升到2017年的77%，仅抗虫和仅抗除草剂性状玉米分别只占3%和12%（图2-3）。美国转基因棉花也是主要为抗虫和抗除草剂两种性状，2017年复合性状转基因棉花种植比例达到棉花种植面积80%，仅抗虫和仅抗除草剂性状棉花分别只占5%和11%。

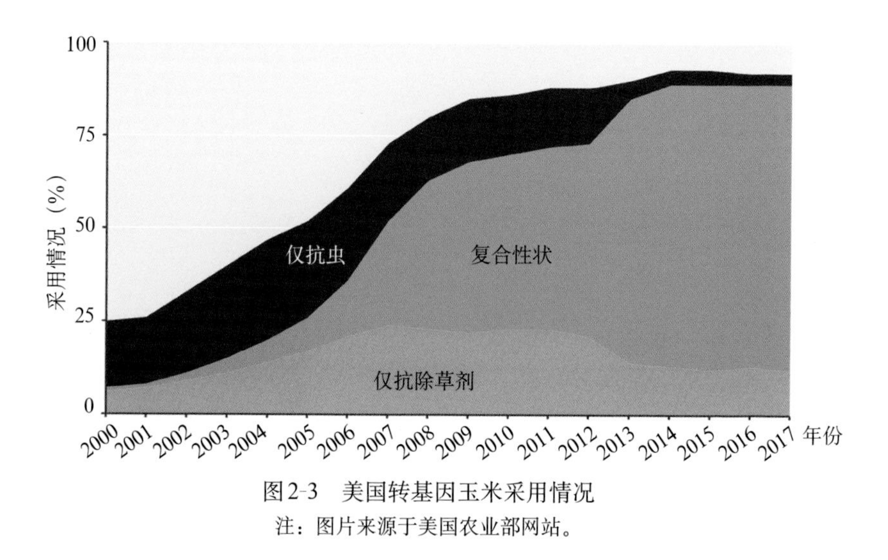

图2-3　美国转基因玉米采用情况

注：图片来源于美国农业部网站。

美国种植的转基因大豆均为抗除草剂性状。2017年，美国抗除草剂转基因大豆采用率为94%。除棉花、玉米、油菜外，美国其他种类的转基因作物目前也没有采用复合性状转基因品系。

（四）巴西复合性状转基因作物推广情况

巴西是全球第二大转基因作物种植国，2017年，巴西转基因作物种植面积为5 024万公顷，占全球转基因作物总种植面积的26%。其种植的转基因作物中有3 370万公顷大豆、1 560万公顷玉米以及94万公顷棉花。近年来，巴西复合性状转基因作物种植面积连续上涨，特别是复合性状转基因大豆种植面积增长快速。2013年，巴西开始商业化种植抗虫抗除草剂复合性状转基因大豆，复合性状转基因大豆种植面积为230万公顷，2014年增至520万公顷，2017年增至1 169万公顷。除大豆以外，巴西还种植复合性转基因状玉米和棉花，2015

年，复合性状转基因玉米种植比例已过半。随后，复合性状转基因玉米保持快速增长态势，2017年，巴西复合性状转基因玉米种植占转基因玉米总种植面积的74.9%，复合性状转基因棉花种植比例达到59.6%，复合性状转基因大豆种植比例达到60%（表2-3）。因此，巴西一跃超过美国，成为2017年复合性状转基因作物种植面积最大的国家。

表2-3　2017年巴西复合性状转基因作物种植情况

作物	转基因作物种植面积/百万公顷	抗虫抗除草剂作物种植面积/百万公顷	抗虫抗除草剂作物种植面积占该转基因作物总种植面积比例/%
大豆	33.70	20.10	60
玉米	15.60	11.69	74.9
棉花	0.94	0.56	59.6

（五）阿根廷复合性状转基因作物推广情况

自1996年首次批准转基因大豆商业化种植以来，阿根廷转基因作物的种植面积由1996年的3.7万公顷增长到2014年的2 360万公顷，增长了600多倍，成为世界上第三大转基因作物种植国，仅次于美国、巴西。2017年，阿根廷有522万公顷转基因玉米，其中432万公顷为抗虫抗除草剂复合性状玉米，占比83%。阿根廷还种植了1 810万公顷转基因大豆，其中308万公顷为抗虫抗除草剂复合性状大豆（表2-4）。

表2-4　2017年阿根廷复合性状转基因作物种植情况

作物	转基因作物种植面积/百万公顷	抗虫抗除草剂作物种植面积/百万公顷	抗虫抗除草剂作物种植面积占该转基因作物总种植面积比例/%
玉米	5.22	4.32	83
大豆	18.1	3.08	17

（六）加拿大复合性状转基因作物推广情况

2017年，加拿大转基因作物种植面积从2016年的1 238万公顷增加到1 449万公顷，一跃成为第四大转基因种植国，种植的转基因作物包括250万公顷大豆、178万公顷玉米、883万公顷油菜等。加拿大种植的转基因玉米中，仅1%为抗虫性状，15.8%为抗除草剂性状，83.2%为抗虫抗除草复合性状（表2-5）。复合性状转基因玉米所占比例不断攀升，2009年为54%，2010年为70%、2011年为76%、2012年为79%、2013年和2014年为80%。种植复合性状转基因玉米的国家中，复合性状转基因作物的推广速度远远高于单一性状的现象较为普遍。

表2-5　2017年加拿大复合性状转基因作物种植情况

作物	转基因作物种植面积/百万公顷	抗虫抗除草剂作物种植面积/百万公顷	抗虫抗除草剂作物种植面积占该转基因作物总种植面积比例/%
玉米	1.78	1.48	83.2

第二节　常见复合性状转基因作物

育种复合的转基因产品是目前复合性状转基因作物的主要类型。据统计，当前2个转化体育种复合的转基因产品有99个，3个转化体育种复合的转基因产品有80个，4个转化体育种复合的转基因产品有44个，5个转化体育种复合的转基因产品有14个，6个转化体育种复合的转基因产品有4个。其中，大豆、油菜复合性状转基因产品多为2个转化体育种复合而成，而在玉米和棉花中，复合性状转基因产品的类型更加多样化，特别是玉米中3个及以上转化体育种复合而成的转基因产品占整体复合性状转基因产品的66%，多转化体育种复合而成的转基因作物越来越普遍（图2-4）。

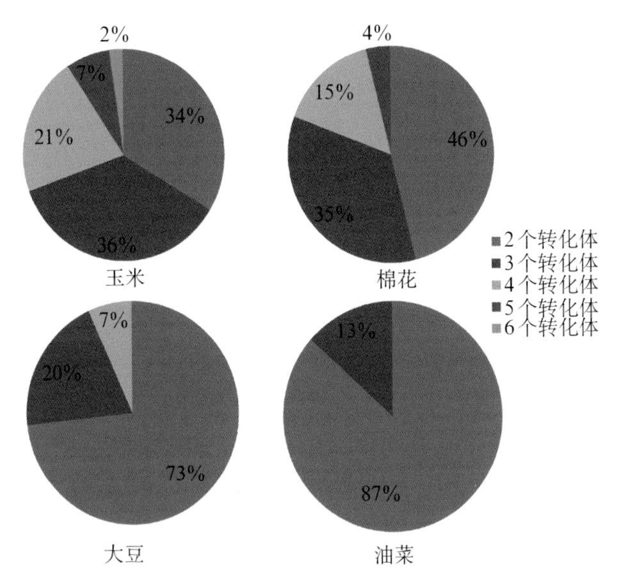

图2-4　各作物育种复合性状转基因产品类型分析

这里列出了部分常见的批准应用的复合性状作物，包括10个油菜、10个棉花、26个玉米和10个大豆复合性状转基因产品(表2-6)。对于多个转化体育种而成的复合性状转基因产品，例如6个转化体育种复合而成MON87427 × MON89034 × MON810 × MIR162 × MON87411 × MON87419，则此6个转化体中某几个转化体育成的亚组合MON87427 × MON89034 × MIR162 × MON87419、MON87427 × MON87419、MON87427 × MON89034 × MIR162 × MON87411等则没有在表中重复列出。

表2-6　获得批准的部分复合性状作物列表

作物	转化体	目的基因	性状
油菜	MS8 × RF3 × GT73	*bar, barnase, cp4 epsps, goxv247*	抗除草剂和育性控制

（续）

作物	转化体	目的基因	性状
油菜	HCN28 × MON88302	*pat, cp4 epsps*	抗两种除草剂
油菜	HCN92 × MON88302	*bar, cp4 epsps*	抗两种除草剂
油菜	MON88302 × MS8 × RF3	*bar, cp4 epsps, barnase, barstar*	抗两种除草剂和育性控制
油菜	MS1 × MON88302	*bar, cp4 epsps, barnase*	抗两种除草剂和育性控制
油菜	MS1 × RF1	*bar, barnase, barstar*	抗除草剂和育性控制
油菜	MS1 × RF2	*bar, barnase, barstar*	抗除草剂和育性控制
油菜	MS1 × RF3	*bar, barnase, barstar*	抗除草剂和育性控制
油菜	MON88302 × RF1	*cp4 epsps, bar, barstar*	抗除草剂和育性控制
油菜	MON88302 × RF2	*cp4 epsps, bar, barstar*	抗除草剂和育性控制
棉花	281-24-236 × 3006-210-23 × MON88913 × COT102 × 81910	*cry1F, cry1Ac, pat, vip3A*（*a*）, *add12,cp4 epsps*	抗虫 抗除草剂
棉花	3006-210-23 × 281-24-236 × MON1445	*cry1F, cry1Ac, bar, cp4 epsps*	抗虫 抗除草剂
棉花	COT102 × COT67B × MON88913	*cry1Ab, cp4 epsps, vip3A*（*a*）	抗虫 抗除草剂
棉花	31807 × 31808	*cry1Ac, bxn*	抗虫 抗除草剂
棉花	COT102 × MON15985 × MON88913 × MON88701	*vip3A*（*a*）, *cry1Ac, cry2Ab2, dmo, bar, cp4 epsp*	抗虫 抗除草剂

（续）

作物	转化体	目的基因	性状
棉花	GHB614 × LLCotton25 × MON15985	*cry1Ac, cry2Ab2, bar,2mepsps*	抗虫 抗除草剂
棉花	GHB614 × T304-40 × GHB119 × COT102	*2mepsps, cry1Ab, cry2Ae, bar, vip3A*（*a*）	抗虫 抗除草剂
棉花	GHB811 × T304-40 × GHB119 × COT102	*cry1Ab, cry2Ae, bar, vip3A*（*a*）, *hppdPF W336*	抗虫 抗除草剂
棉花	MON15985 × MON1445	*cp4 epsps, cry2Ab2, cry1Ac*	抗虫 抗除草剂
棉花	MON531 × MON1445	*cp4 epsps, cry1Ac*	抗虫 抗除草剂
玉米	3272 × Bt11 × 59122 × MIR604 × TC1507 × GA21	*amy797E, pat, cry1Ab, cry34Ab1, cry35Ab1, mcry3A, mepsps, cry1Fa2*	抗虫抗除草剂和品质改良
玉米	3272 × Bt11 × MIR604 × TC1507 × 5307 × GA21	*amy797E, ecry3.1Ab, cry1Ab, mcry3A, mepsps, cry1Fa2, pat*	抗虫抗除草剂和品质改良
玉米	5307 × MIR604 × Bt11 × TC1507 × GA21 × MIR162	*ecry3.1Ab, mcry3A, cry1Ab, pat, cry1Fa2, mepsps, vip3Aa20*	抗虫 抗除草剂
玉米	98140 × TC1507 × 59122	*gat4621, cry1Fa2, pat, cry34Ab1, zm-hra*	抗虫 抗除草剂
玉米	Bt11 × MIR162 × MIR604 × MON89034 × 5307 × GA21	*cry1Ab, pat, mcry3A, vip3Aa20, mepsps, cry2Ab2, cry1A.105, ecry3.1Ab*	抗虫 抗除草剂
玉米	BT11 × MIR162 × MIR604 × TC1507 × 5307	*cry1Ab, pat, mcry3A, vip3A*（*a*）, *cry1Fa2, ecry3.1Ab*	抗虫 抗除草剂
玉米	Bt11 × MIR162 × TC1507 × GA21	*cry1Ab, vip3Aa20, cry1Fa2, pat, mepsps*	抗虫 抗除草剂
玉米	DAS40278 × NK603	*cp4 epsps, add-1*	抗两种 除草剂

（续）

作物	转化体	目的基因	性状
玉米	GA21 × MON810	*mepsps, cry1Ab*	抗虫 抗除草剂
玉米	GA21 × T25	*pat, mepsps*	抗两种 除草剂
玉米	LY038 × MON810	*cordapA, cry1Ab*	抗虫和品质 改良
玉米	MON863 × MON810 × NK603	*cry1Ab, cry3Bb1, cp4 epsps*	抗虫 抗除草剂
玉米	MON87427 × MON89034 × MIR162 × MON87419 × NK603	*cry2Ab2, cry1A.105, vip3Aa20, dmo, pat, cp4 epsps*	抗虫 抗除草剂
玉米	MON87427 × MON89034 × MON810 × MIR162 × MON87411 × MON87419	*cry2Ab2, cry1A.105, gocv247, vip3Aa20, cry3Bb1, dmo, pat, cp4 epsp*	抗虫 抗除草剂
玉米	MON87427 × MON87460 × MON89034 × TC1507 × MON87411 × 59122	*cspB, cry2Ab2, cry1A.105, cry1F, cry34Ab1, cry35Ab1, cry3Bb1, pat, dvsnf 7, cp4 epsps*	抗虫抗除草 剂和耐旱
玉米	MON87427 × MON89034 × TC1507 × MON87411 × 59122 × DAS40278	*cry2Ab2, cry1A.105, cry1F, cry34Ab1, cry35Ab1, cry3Bb1, pat, dvsnf 7, add-1, cp4 epsps*	抗虫 抗除草剂
玉米	MON87427 × MON89034 × TC1507 × MON87411 × 59122 × MON87419	*cry2Ab2, cry1A.105, cry1F, cry34Ab1, cry35Ab1, cry3Bb1, pat, dvsnf 7, dmo, cp4 epsps*	抗虫 抗除草剂
玉米	MON87427 × MON89034 × TC1507 × MON88017 × 59122	*cry34Ab1, cry35Ab1, cry1Fa2, pat, cry2Ab2, cp4 epsps*	抗虫 抗除草剂
玉米	MON87460 × MON89034 × NK603	*cp4 epsps, cry2Ab2, cry1A.105, cspB*	抗虫抗除草 剂和耐旱

（续）

作物	转化体	目的基因	性状
玉米	MON89034 × TC1507 × MON88017 × 59122 × DAS40278	*cry1Fa2, cry2Ab2, cry34Ab1, cry35Ab1, cry1A.105, cry3Bb1, pat, add-1, cp4 epsps*	抗虫 抗除草剂
玉米	MON89034 × TC1507 × NK603 × MIR162 × DAS40278	*cry1Fa2, cry2Ab2, vip3Aa20, pat, add-1, cp4 epsps*	抗虫抗除草剂
玉米	NK603 × MON810 × 4114 × MIR604	*cry1Ab, cry1F, cry34Ab1, cry35Ab1, goxv247, pat, cp4 epsps*	抗虫 抗除草剂
玉米	NK603 × T25	*pat, cp4 epsps*	抗两种除草剂
玉米	T25 × MON810	*pat, cry1Ab*	抗虫 抗除草剂
玉米	TC1507 × 59122 × MON810 × MIR604 × NK603	*cry1Fa2, cp4 epsps, pat, cry34Ab1, cry35Ab1, cry1Ab, mcry3A*	抗虫 抗除草剂
玉米	TC1507 × MON810 × MIR162 × NK603	*cry1Fa2, cry1Ab, pat, vip3Aa20, cp4 epsps*	抗虫 抗除草剂
大豆	DAS68416-4 × MON89788	*aad-12, cp4 epsps, pat*	抗三种除草剂
大豆	DAS81419 × DAS44406	*aad-12,2mepsps, pat, cry1Ac, cry1F*	抗虫 抗除草剂
大豆	DP305423 × GTS40-3-2	*gm-hra, gm-fad2-1 (partial sequence), cp4 epsps*	抗除草剂和品质改良
大豆	DP305423 × MON87708 × MON89788	*pat, dmo, cp4 epsps*	抗三种除草剂
大豆	FG72 × A5547-127	*2mepsps, hppdpfW336, pat*	抗三种除草剂
大豆	HB4 × GTS40-3-2	*Hahb-4, cp4 epsps*	抗除草剂和抗旱

（续）

作物	转化体	目的基因	性状
大豆	MON87705 × MON87708 × MON89788	*fda2-1A (sense and antisense), cp4 epsps, dmo*	抗除草剂和品质改良
大豆	MON87708 × MON89788 × A5547-127	*pat, dmo, cp4 epsps*	抗3种除草剂
大豆	MON87751 × MON87701 × MON87708 × MON89788	*cry1A.105, cry2Ab2, cry1Ac, dmo, cp4 epsps*	抗虫抗除草剂
大豆	MON87769 × MON89788	*Pj.D6D, Nc. Fad3, cp4 epsps*	抗除草剂和品质改良

注：相关信息采集于国际农业生物技术应用服务组织数据库。

从表中可以看出抗虫抗除草剂、抗多种除草剂是目前复合性状转基因作物的主要性状。抗虫基因主要包括*cry34Ab1*、*cry35Ab1*、*mcry3A*、*cry3Bb1*、*dvsnf7*等抗鞘翅目昆虫基因，*cry1A*、*cry1A.105*、*cry1Ab*、*cry1Ac*、*cry1F*、*cry1Fa2*、*cry2Ab2*、*cry2Ae*、*vip3A*（*a*）、*vip3Aa20*等抗鳞翅目昆虫基因。抗除草剂基因主要包括抗2,4-D基因*aad-1*，抗麦草畏基因*dmo*，抗草铵膦基因*pat*、*bar*，抗草甘膦基因2*mepsps*、*cp4 epsps*、*goxv247*、*gat4621*，抗唑草酮基因*hppdPF W336*，抗磺酰脲类除草剂基因*zm-hra*。此外，在这些复合性状转基因产品中还包括抗旱基因*Hahb-4*，改良含油量/脂肪酸含量基因*gm-fad2-1*、*Nc.Fad3*、*Pj.D6D*等，以及育性控制基因*barstar*和*barnase*。

第三节 代表性复合性状转基因作物

（一）抗虫抗除草剂玉米

抗虫抗除草剂玉米是复合性状转基因玉米的主要类型，2017年抗虫抗除草剂玉米种植面积达到0.48亿公顷，占转基因玉米总种植面积的81%。与此同时，多个抗虫基因和多个抗除草剂基因相互叠加已经成为育种复合的趋势，4个以上转化体复合育种而成的转基因玉米产品占所有复合性状玉米的比例高达40%。多个抗虫基因相互叠加，引入对同一靶标害虫具有不同杀虫模式的蛋白，能有效防止害虫产生抗性；引入具有不同靶标害虫的蛋白，能有效提升杀虫效率和范围，进一步减少杀虫剂使用量。多个抗除草剂基因相互叠加，引入对不同除草剂耐受的蛋白，能有效防止杂草产生抗性。

转基因玉米SmartStax™是其中一个例子，该产品于2010年首次商业化，包含了6个抗虫基因*cry1Fa2*、*cry2Ab2*、*cry35Ab1*、*cry34Ab1*、*cry3Bb1*、*cry1A.105*和2个抗除草剂基因*pat*、*cp4 epsps*，8个基因叠加。SmartStax™玉米涵盖了不同层次、不同方法的基因复合，它由4个玉米转化体MON88017、MON89034、TC1507和59122育种复合而成，而每一个玉米转化体也含有多个外源基因、多重性状。MON88017含有外源基因*cp4 epsps*和*cry3Bb1*，MON89034含有外源基因*cry2Ab2*和*cry1A.105*，TC1507含有外源基因*cry1Fa2*和*pat*，59122含有外源基因*cry34Ab1*、cry35Ab1和*pat*，这4个转化体其实也是共转化复合性状转基因作物。SmartStax™玉米最终通过育种将这些性状叠加在一起，从三个方面提高了产品效能，整个玉米农田的产量提高5%到10%。首先，Cry1Fa2、Cry2Ab2、Cry1A.105通过多重作用机制提供对地上鳞翅目害虫的防护；

其次，Cry35Ab1、Cry34Ab1、Cry3Bb1通过多重作用机制提供对地下鞘翅目害虫的防护；再次，PAT、CP4 EPSPS使该产品获得对草铵膦和草甘膦两种除草剂的耐受性，使杂草管理更具灵活性。

由于SmartStax™玉米通过多重机制对地上害虫和地下害虫进行防护，能有效降低害虫产生抗性的概率。因此，美国环保署与加拿大食品检验署允许美国和加拿大的SmartStax™玉米庇护所种植面积从20%减少至5%。

产品SmartStax™ Pro×Enlist™玉米在2017年批准商业化种植，与SmartStax™由4个转化体育种复合而成相比，SmartStax™ Pro×Enlist™玉米由6个转化体复合而成，MON87427、MON89034、TC1507、MON87411、59122和DAS40278，包含了7个抗虫基因*cy2Ab2*、*cry1A.105*、*cry1F*、*cry34Ab1*、*cry35Ab1*、*cry3Bb1*、*dvsnf 7*以及3个除草剂基因*pat*、*add-1*、*cp4 epsps*，10个基因叠加。该产品是SmartStax™玉米进一步发展所形成的，能够综合治理玉米害虫，并且能耐受2,4-D、草铵膦和草甘膦3种除草剂。

（二）抗虫抗除草剂棉花

20多年来，抗虫棉的种植显著降低了杀虫剂用量和人力成本，促进了棉花产能的提升。在此基础上，抗虫抗除草剂复合性状棉花的开发和推广进一步提高了棉业的生产力。2017年，抗虫抗除草剂棉花种植面积达到520万公顷，占转基因棉花总种植面积的22%。

转基因棉花Widestrike™×Roundup Ready Flex™×VIPCOT™，是一个比较典型的复合性状抗虫抗除草剂棉花，由3006-210-23、281-24-236、MON88913、COT102 4个转化体育种复合而成，包含*cry1Ac*、*cry1F*、*vip3A*（*a*）、*pat*、*cp4 epsps* 5个基因，可

以同时耐受除草剂草甘膦和草铵膦。杀虫蛋白Cry1Ac、Cry1F和Vip3A使植株能更好地防护鳞翅目害虫。抗除草剂和抗虫的多重作用机制改善了抗性管理模式。

转基因棉花Roundup Ready™ Flex™ BollgardII™(BGII-RRF)是另一个典型的抗虫抗除草剂复合性状棉花。其通过常规杂交育种方法将转化体MON15985和MON88913聚合选育，包含基因*cp4 epsps*、*cry2Ab2*、*cry1Ac*。BGII-RRF棉花中，转化体MON15985表达的Cry2Ab2、Cry1Ac可使该棉花有效抵抗鳞翅目昆虫危害，MON88913表达的CP4 EPSPS使该棉花有效耐受除草剂草甘膦。BG Ⅱ -RRF棉花已在主要棉花种植国家如美国、巴西、墨西哥、南非、哥伦比亚和澳大利亚批准种植。田间试验显示，抗虫抗除草剂复合性状棉花能有效地降低杂草管理的劳动力投入并提高产量。

（三）抗多种除草剂大豆和抗虫抗除草剂大豆

抗多种除草剂大豆以及抗多种除草剂大豆是复合性状转基因大豆的主要类型。DAS68416-4 × MON89788抗除草剂大豆由DAS68416-4和 MON89788两个亲本通过育种获得，其表达的AAD-12、PAT和CP4 EPSPS蛋白质使大豆分别耐受2,4-D、草铵膦和草甘膦3种除草剂，使得可选用的田间除草剂更加多样化，有利于杂草抗性管理。该产品于2013年被加拿大批准商业化种植，随后获得了日本、墨西哥和韩国的进口许可。

Intacta™ Roundup Ready™ 2 Pro是一款抗虫抗除草剂大豆，是利用常规育种途径将抗虫大豆MON87701和除草剂大豆MON89788复合而成。其中MON87701表达Cry1Ac杀虫蛋白，保护作物免受靶标鳞翅目害虫的取食；MON89788表达CP4 EPSPS蛋白，从而使转基因植物可以耐受草甘膦。该产品于2010年在巴西批准商业化，2012年获得阿根廷种植许可，并获得了日本、韩国、菲律宾、中国以及欧盟等多个国家和地区的进口许可。

（四）抗除草剂和育性控制复合油菜

抗除草剂和育性控制的油菜是复合性状转基因油菜最主要的类型，InVigor™油菜就是一个例子，由Ms8和Rf3育种而成。Ms8中含有*barnase*基因，且仅在花药发育阶段的绒毡层细胞表达，从而导致活性花粉减少以致雄性不育；同时还具有*bar*基因，编码草丁膦乙酰转移酶，可使转化体耐受除草剂草铵膦，也可作为转化体的筛选标记。另一个亲本Rf3含有一个*barstar*基因，编码核糖核酸酶的抑制剂，且仅在绒毡层细胞中表达，与雄性不育系杂交后可使育性恢复，Rf3同时也含有*bar*基因。

油菜杂交种比常规种产量高20%～25%，因此，利用杂种优势是提高油菜单产最有效的方法之一。InVigor™油菜就是利用转基因不育系Ms8和转基因恢复系Rf3培育的抗草胺膦杂交油菜，二者巧妙地结合，从而有效利用了杂种优势。此外，*bar*基因可使该转基因产品有效耐受除草剂草铵膦。该产品已在多个国家和地区完成了审批程序，如已在加拿大、澳大利亚等国家获批商业化种植，在墨西哥、新西兰、南非、韩国、中国以及欧盟等国家和地区获批进口。

复合性状转基因作物风险评估考虑

农业转基因技术本身是中性的，既可以造福人类也可能产生风险，基于对转基因可能存在潜在风险的清醒认识，国际上普遍高度重视转基因生物风险评估（安全评价），建立了一系列评价方法和规范。相比单性状转基因作物，国际上对复合性状转基因作物尚没有通用的管理办法和标准，但对其风险评估已展开了诸多讨论和研究。

第一节　转基因作物的风险评估

按照国际食品法典委员会（Codex Alimentarius Commission, CAC）的定义，风险评估是一个以科学为依据的过程，是对特定时期内因危害暴露而对生命与健康产生潜在不良影响的特征性描述。风险评估是农业转基因生物安全管理的基础和核心，是指按照规定的程序和标准，利用所有与农业转基因生物安全性相关的科学数据和信息，系统地评价已知的或潜在的与农业转基因生物有关的、对人类健康和生态环境产生负面影响的危害。通过风险评估，预测在给定的风险暴露水平下农业转基因生物所引起的危害或隐患的可能性、性质和程度，划分安全等级，提出科学建议，作为风险管理决策的依据。

风险评估包括4个分析步骤，即危害识别、危害特征描述、暴露评估和风险特征描述。危害识别指确定产品中可能产生不良健康影响的因素；危害特征描述指对产品中不良健康影响的特性进行分析；暴露评估是对可能摄入的及其他相关途径暴露的因素进行评估；风险特征描述是在危害识别、危害特征描述和暴露评估的基础上，估计不良健康影响的可能性及严重性。

（一）危害识别

危害识别是转基因生物风险评估的前提和关键，转基因生物危害识别的关键在于科学分析转基因技术对受体生物的影响，根据外源基因、基因操作以及外源表达物质的作用方式，科学假设转基因生物可能对生态环境和人类健康产生的影响。然后，通过特定的试验，判定转基因生物是否存在这种影响。转基因生物的危害识别，不是按照固定的试验方法，而是在科学分析的基础上选取适合的试验方法。

（二）危害特征描述

转基因生物的危害特征即潜在风险来自两个方面，即外源基因表达产物的风险和基因插入的风险。外源基因表达产物的危害特征和化学物类似，主要指基因表达产物是否有毒有害致敏，是否产生不良的环境影响。例如，新表达蛋白的毒理学、致敏性以及有害生物抗性转基因生物对非靶标生物和生物多样性的影响等。与化学物不同的是基因插入的安全性，即外源基因的位置效应的影响，这是由基因互作和基因多效性等因素造成的。由于基因互作和基因多效性的结果难以准确预测和评估，因此，基因插入的风险没有确定的靶标。在实际工作中，主要通过两种方式评估它的风险，一是分析基因互作和基因多效性发生的可能性，如分析外源基因的侧翼序列，通过序列分析预测基因的插入效应；二是比较转基因生物和受体对人体健康和环境安全的差异，如环境适应能力和生存竞争能力、关键营养成分分析以及全食品喂养试验等。

（三）暴露评估

与化学物添加到食品、施用到自然环境的暴露方式不同，大部分转基因生物本身就是食品的来源，可以在自然环境中繁殖生长。特殊的暴露方式使得转基因生物的消费量及其外源物质在相关产品中的浓度很难评估。在一定程度上，转基因生物更倾向于把暴露评估当作对不同靶标的作用方式。转基因生物风险评估的起始则是确定其是否有毒有害，如果没有则不需要进行暴露评估。只有存在潜在危害时，才需要暴露评估。由于暴露方式的特异性，对人体健康有毒有害的转基因生物一般不允许生产应用。目前，研发者已采取多种技术手段，减少外源物质在食用部位的含量，尽量减少人体摄入的暴露量。在环境安全评价过程中，杂草性和入侵性评估一般在危害特征描述阶段结束，对生态环境造成危害的转基因生物通常不予生产应用；对非靶标生物的影响则需要根据暴露方式和暴露程度选取适合的非靶标生物；基因漂移则是以暴露评估为核心，如果不存在基因漂移，就不需要评估转基因生物对近缘种的影响。

（四）风险特征描述

转基因生物的风险特征描述是为了确定转基因生物是否存在危害、营养学、环境安全或其他问题。转基因生物一般通过比较它与对应受体的差异进行风险评估，风险评估的结果通常是转基因生物是否与传统对照物实质等同。

（五）国际组织对转基因生物安全评价的指导

国际食品法典委员会等权威组织制定了一系列针对转基因安全管理的指导原则和规范，指导各国开展相关工作。

国际食品法典委员会生物技术食品政府间特别工作组在1999年设立，专门在生物技术领域制定风险分析原则和指南。截至目前，共通过四项评估准则，分别是《现代生物技术食品的安全风险分析原则》(CAC/GL 44－2003)、《重组DNA植物食品安全评价指南》(CAC/GL 45－2003)、《重组DNA微生物食品安全评价指南》(CAC/GL 46－2003)和《重组DNA动物食品安全评价指南》(CAC/GL 44－2008)。《现代生物技术食品的安全风险分析原则》对风险管理、风险交流、风险评估方法的一致性、能力建设和信息交流及审查过程等进行了详细的描述，以统一各国对转基因生物的安全评价与审查过程。

经济合作与发展组织于1986年采用蓝皮书《重组DNA安全性考虑》，作为转基因生物总体指南；1992年，根据《生物技术安全性考虑—1992》，明确生物安全的概念和原则，根据《生物技术作物田间试验安全考虑》确定了分阶段原则和个案原则对转基因生物进行管理；1993年，根据《现代生物技术加工食品风险评估概念和原理》，采用实质等同原则作为转基因生物安全评估的原则。经济合作与发展组织生物技术法规监督协调工作组负责研究转基因生物环境安全性，制定并发布共识或指导性文件，为管理人员和生物安全评价人员开展转基因生物环境安全评价提供了一系列实用性工具。截至2016年，已正式发布了52个共识性文件，涉及作物、树木、微生物以及被引入植物的特定性状，如《表达Bt抗虫蛋白转基因植物安全信息的共识文件》《棉花（*Gossypium* spp.）生物学特性的共识文件》等。经济合作与发展组织新型食品和饲料安全特别工作组主要任务是制定新型作物成分分析的共识性文件。从2002年起，发布了植物及其产品主要成分共识性文件，包括关键营养因子、有毒物质、抗营养因子、过敏原等信息，如《大豆新品种成分的共识文件：食品和饲料的关键营养素与抗营养成分》《低芥酸油菜（双低油菜）中关键营养素与毒素的共识文件》《亚洲栽培稻新品种成分的共识文件：食品与饲料的关键营养素和抗营养成分》等。此外，还出版了一些文件，如《基因工程植物来源的动物饲料安全评价考虑》《现代生物技术植物的分子特征》等，以指导促进各国评价工作的协调统一。到2016年，已正式发布25个共识性文件，涉及主要农作物、蘑菇、动物饲料等。这些共识性文件为生物安全管理人员和评价人员开展转基因生物食用安全评价提供了一系列实用性工具。

在国际规范和标准的指导下，虽然不同国家对转基因风险评估具体过程和方式有些许差异，但对关键性要求都是相同的。

第二节　关于复合性状转基因作物风险评估的考虑

复合性状转基因作物可以通过单性状转基因作物杂交获得，也可以是共转化或再转化获得。目前，生产应用的绝大部分是杂交育种获得的复合性状转基因作物。对于共转化或再转化获得的复合性状转基因作物的安全管理，国际上都是作为一个新的转化体看待，其安全评价按照新转化体的要求开展全面系统的评估。对于育种复合转基因植物安全管理则成为讨论的重点。

育种复合性状转基因作物通过常规育种将多个目标性状组合到一个植株中，其生物学特点主要表现在两个方面。首先，复合性状转基因作物的亲本是转基因生物。在获得亲本生物学性状的同时，遗传了亲本的转基因性状。其次，复合性状转基因作物是通过常规育种获得的，其育种路线和传统育种相同，不涉及DNA重组操作。

由于育种复合性状转基因作物的亲本往往已经通过了安全评价，因此通常对育种复合性状产品进行风险评估，都会基于在单一性状产品中已有的安全性信息，进行相应简化。复合性状转基因作物的风险主要表现为杂交育种过程对转基因作物安全性的影响，一些学者认为目前主要存在两个考虑：一是通过常规育种将两个以上转化体组合到一种植物中是否会增加基因组不稳定性；二是复合性状转基因生物中转基因产物之间潜在相互作用是否会影响安全。

（一）育种复合对基因组稳定性的影响

2012年，Weber等从转基因不稳定性、基因组不稳定性、基因沉默、基因组突变等多方面分析了育种复合对基因组稳定性的影响。

1.**转基因不稳定性**。转基因过程中DNA的整合是一个复杂的机制，有时会引入复杂、重复的外源DNA插入。相同或高度相似的序列之间的重组机制会影响稳定性。一般来说，单拷贝目的基因插入要比带重复序列的复杂插入更加稳定。因此，插入片段稳定性好、拷贝数低一直是筛选转化体的重要标准。在研发早期，就会对转化体的分子特征进行分析，来排除带有反向重复序列等插入的转化体。耐草甘膦玉米NK603就是从超过1 300个初始转化体中筛选出来的。商业化的转化体，最鲜明的特征就是其在育种过程中具有稳定的性状表达，并且这些性状在世代间能够稳定遗传，才会得以推广。因此一般认为，复合性状转基因作物中外源基因是可以稳定遗传的，不会因为育种过程而改变，就像杂交品种中的任何内源基因一样。但对育种复合转化体中外源基因插入完整性以及表型稳定性进行检测，有利于检验转化体的真实性和有效性，分析转基因性状的互作水平。

2.**基因组不稳定性**。如果与基因组中的其他基因相比，复合性状转基因作物中的外源基因并没有更不稳定，那么它们是否会从整体上加剧了基因组的不稳定性。对于这种可能性，目前认为已知的原理是两个基因之间的同源重组。这种重组的影响取决于基因的定位和方向。在一些情况下，两个外源基因之间的同源重组会导致大规模的染色体重新排列，这样会影响作物性状，因此，这种情况需要被筛选排除。复合性状转基因作物中不同外源基因可能拥有共同的调控元件（例如：启动子、3'非翻译区等），导致基因组中的重复DNA总量略有增加，但一般认为不会导致基因组的不稳定性，因为植物基因组中的很多序列都是重复的。

3.**基因沉默**。有研究观察到，转基因使作物内出现了预期或者非预期的内源基因沉默。如同基因组的不稳定性一样，沉默作为一种自然现象普遍存在于所有的作物之中。有研究人员认为，在对单一性状转化体进行安全评价时，基因的表达和沉默也得加以评估。与其亲本转化体相比，复合性状转基因生物没有显示更强的基因表达和沉默变化，特别是当各转化体中外源基因都没有共同序列的时候。尽管如此，在商业化之前，还是应该通过性状分析对复合性状转基因作物中基因沉默情况进行评估。

4.**基因组突变**。植物基因组中碱基对变化和插入缺失很常见。基因组中的单碱基对差异被称作单核苷酸多态性（Single Nucleotide Polymorphism, SNP），不少研究结果表明，一方面育种复合转基因作物与其亲本间SNP的差异远小于品种间SNP的差异，不会对作物基因组的稳定性产生影响。另一方面，若基因突变要在后代中固定下来，这种突变必须发生在生殖细胞内。不利于细胞的基因改变会降低细胞的适应性，也降低了将其遗传到下一代的可能性。考虑到种子生产的多个流程，通过育种复合而产生稳定的、影响安全性的基因突变几乎不可能出现。

此外，Weber等认为基因稳定性与食品安全性之间的相关性也值得被评估。联合国粮农组织和世界卫生组织（2001年）认为非转基因作物的常规育种在没有显著提高食品作物中潜在致敏原的情况下，提高了基因和蛋白序列的多样性。食品和饲料中存在具有毒性或致敏性等潜在危害的蛋白仅占很小的比例，根据其序列和结构归属于某一特定家族。因此，常规育种中不管是基因表达的改变，还是氨基酸序列的突变，都不太可能改变蛋白质的安全性，或者导致新代谢物的产生。

总的看来，Weber等人认为引起基因组变化的分子机制在非转基因和转基因作物中都是存在的，育种复合两个转化体不太可能增加基因的不稳定性。即便如此，任何由于基因不稳定而导致蛋白质或代谢产物变异，从而产生生物安全事件的可能性都是极其小的。评估复合性状转基因作物的食用安全评价更应该集中在复合性状产品中是否存在不利影响的相互作用。

（二）育种复合引起的基因互作

早在200年前，人们就开始通过杂交育种、基因渐渗、突变、双倍体等传统育种技术来培育产量、营养和农艺性状等优良的新品种。在此过程中，通过基因渐渗和基因聚合将抗病、高产、耐胁迫、品质改良等许多优异性状从野生种中转入栽培种。Hajjar和Hodgkin 2007年的研究发现，在过去的20年中，通过常规育种方式，在19种世界主要作物中组合了来自野生近缘种的111种基因，产生了新的品系。近年来，研究者们分析了一些可能与杂种优势有关的分子参数，结果表明杂交育种过程中发生了成千的基因间的非叠加效应，甚至有时基因间的互作会导致基因沉默，只不过这些材料会在育种过程中被淘汰。传统育种培育的新品种不需要进行安全评价而被认为是安全的，其安全性是基于原有的作物品种长期安全食用和饲用的历史。

育种复合性状转基因作物中的基因互作通常是指的转基因产物之间或者一个目的基因产物与另一个基因之间的代谢或物理化学互作。复合性状转基因作物涉及多个目的基因，育种复合后目的基因间可能存在非关联、关联、代谢相关等相互作用，从而产生与单性状转基因作物不同的安全性问题。

Steiner等人（2013年）认为可以从3个方面分析育种复合过程中外源目的基因互作的可能性和影响。①直接互作。比如一个外源基因的产物在核酸水平上调节另一个外源基因的表达，即一个外源基因的产物影响另一外源基因转录的稳定性或者基因表达，使其表达增强或者沉默。又或者外源基因表达的蛋白质之间能够相互作用，形成异聚物等。②基因表达模式。比如，外源基因表达模式包括表达组织和表达时期等重叠，从而增加了外源基因的产物之间发生协同或者拮抗的互作可能性。又或者某一外源基因产物与在细胞间传输的代谢物或小RNAs等紧密关联，从而增加了与其他外源基因进行相互作用的可能性。③代谢（作用）途径。外源基因复合后可能会在植物体中引入新的代谢（作用）途径；外源基因表达产物所产生的代谢物之间是否相互作用、是否存在相同的代谢产物，是否存在同一作用机制，是否导致已知代谢物水平的提升，等等。Steiner等据此提出了复合性状转基因植物的食用安全评价模型（图3-1）。

因此，考虑基因互作可能带来的安全性问题，首先，应

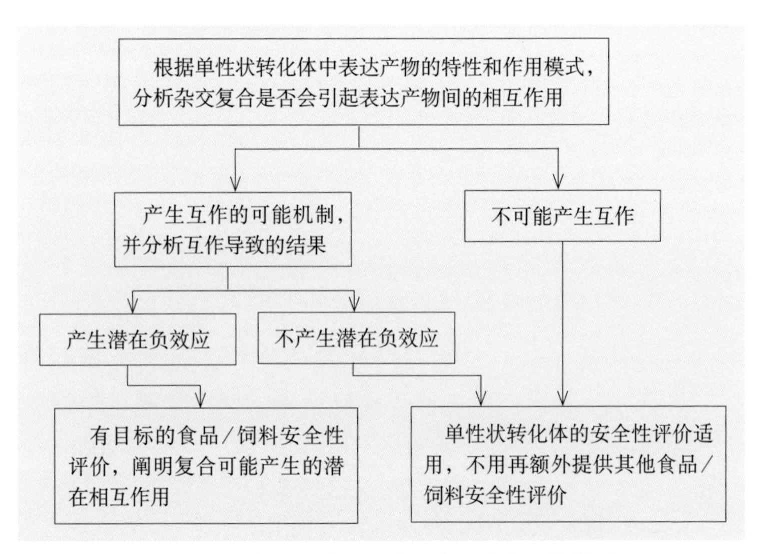

图3-1　复合性状转基因植物食用安全评价模型

分析育种复合后的外源基因是否会产生互作，并根据不同情况采取不同策略来决定是否需要进行评估。当单性状转基因亲本中的外源基因作用于不同作用通路时，外源基因间一般不会产生互作。如现在商业化应用最多的转基因植物为抗虫或抗除草剂植物。抗虫转基因植物的抗虫性是由一个或者多个Bt蛋白赋予的。抗除草剂作物通常是在植物体中引入一个*epsps*基因或者能够使除草剂降解的基因等。通过分析，Bt蛋白和除草剂抗性蛋白不在同一作用通路中作用，也没有共同的调控或代谢产物，因此基因互作的可能性较低。某些转化体间的育种复合可能会产生基因互作，但如果通过对作用机制的了解和分析发现，潜在的相互作用并不会影响食用或饲用的安全性，则认为单性状产品的食用安全评价结果适用于复合性状产品。当目标基因间确实存在相互作用，并且这种相互作用对食用或饲用安全可能会产生不利影响时，那么对该类复合性状产品则需要进行食用及饲用安全评估。

无论是何种类型的互作，在进行进一步的安全评估时，需要遵循个案分析的原则。

第三节　复合性状转基因作物风险评估内容

复合性状转基因作物风险评估方式在各个国家之间存在较大差异，具体情况将在第四章进行讨论。欧盟是对复合性状转基因作物管理较为严格的国家和地区之一。2006年，Schrijve等人分析了欧盟关于复合性状转基因作物风险评估内容的要求，可以提供一些借鉴和参考。

（一）分子特征

1.**外源基因插入确认**。Southern杂交分析等验证比较复合性状产品与每个单一性状产品中目的基因插入位置、拷贝数、结构是否一致，从而确认DNA插入性质没有改变。

2.**外源基因表达水平确认**。外源基因表达水平可能因为育种过程中作物遗传背景改变而改变，或者如前文所述两个外源目的基因之间相互作用可能导致基因沉默，因此要对复合性状产品和亲本中外源基因表达水平进行比较。

3.**遗传稳定性确认**。如果复合性状产品的种子会继续留用种植，需要检查外源基因在不同代系中的遗传稳定性。

（二）比较分析

比较复合性状产品和亲本的农艺性状和表型等的差异，从而评估转化体之间的协同或拮抗所产生的非预期效应。农艺性状评估包括种子活力、产量、作物品质、抗虫抗病性等。

（三）环境安全评估

外源基因表达产物的类型和表达水平的变化可能会导致潜在的生态环境影响。例如，抗虫（Bt）蛋白表达水平不够高可能会使靶标生物产生抗性；反之，Bt蛋白表达水平升高可能会对非靶标生物产生不良影响。如果已经对复合性状产品和其亲本中分子特征进行分析，确认一致，那么单个性状产品的环境安全评价数据对复合性状产品也适用。但如果复合性状产品中外源基因的表达水平和亲本中差异较大，或者多个外源基因作用通路和机制比较相似，有可能发生协同作用，则需要重新评估复合性状产品的环境安全性。例如，许多杀虫蛋白具有相似的作用模式，它们首先在昆虫肠道中被蛋白酶水解激活，然后与特异受体结合并在肠道上皮细胞形成孔洞，最终导致昆虫死亡。如果杀虫蛋白共享同一个特异受体，那么则需要考虑对于靶标（非靶标）生物的协同作用以及交叉抗性。另一方面，多重抗性性状叠加可能会导致耕作方式的改变，进而影响生物多样性。

（四）食用安全评估

复合性状产品的食用安全评估，首先仍是需要分析分子特征情况。如果插入序列与亲本转化体一致，那么关于亲本中外源基因表达产物的毒性和致敏性的生物信息学评估结论仍然适用，一些体外的试验以及经口毒性试验也适用。复合性状产品中外源基因的表达水平和亲本中的差异，是考虑是否采用全食品安全性评价/动物喂养试验的因素之一。复合外源基因之间以及其与受体基因组间的潜在相互作用，也是考虑是否采用全食品安全性评价/动物喂养试验的因素。

（五）营养成分分析

基因互作可能会导致复合性状产品中一些代谢途径的改变，所以营养分析有利于评估复合性状转基因作物中组分的不良变化。

Schrijve等同时指出上述的所有风险评估都是需要基于个案分析原则。事实上，正因为基因互作的复杂性，个案分析成为复合性状作物安全评价中最为基础的原则之一。

国外复合性状转基因作物安全管理

国际上对复合性状转基因作物尚没有通行的管理办法和体系。1995年，世界卫生组织（World Health Organization, WHO）的《转基因作物安全管理和评价指导手册》中提到，“转基因作物变得越来越普遍，很可能一些新的品种将通过转基因品系杂交产生。如果表明一个带有晚熟基因的番茄和一个带有抗虫基因的番茄具有实质等同性，将两种性状的番茄杂交可能产生一个新的品种，此品种与亲本很可能有实质等同性”。文中只提出了一种假设，没有进一步提出指导意见。

一些种子企业组成的技术协会为促进政府和企业的沟通，制定了技术指南。国际种子联盟（International Seed Federation, ISF）于2005年提出，如果一个转基因作物经过食用、饲用和环境安全评价后，被认为与传统作物实质等同，该转基因作物与其他同类型转基因作物的杂交后代应该是安全的。2005年，国际作物科学协会（Crop Life International, CLI）指出，如果亲本转基因作物已获得审批，当转基因性状间没有互作时，那么无需对经传统育种方法获得的复合性状转基因作物进行额外的安全评价试验；当转基因性状间可能存在互作时，则要按照个案原则进行处理。转基因性状的互作可以通过基因表达水平及有效性检测确认。

此外，OECD认为复合性状转基因作物不是新的转基因品种，所以对经常规育种得到的复合性状转基因作物不单独授权识别码，而是组合其亲本的识别码使用，但没有就其进一步管理提出指导性的意见。

当前，受管理理念、技术水平等诸多因素影响，世界各个国家与地区对育种复合性状转基因作物管理模式并不相同。一般来说，对转基因生物管理相对严格的国家，复合性状转基因作物的管理也较为严格，需要提供更多的安全评价资料；对于转基因生物管理相对宽松的国家，复合性状转基因作物的管理也较为宽松。

对于共转化和再转化复合性状转基因作物，国际上按照新的转化体看待。本章将重点讨论育种复合性状转基因作物的安全管理。总的看来，育种复合转基因作物的安全管理类型可以分为3种（表4-1）。

1.**不需要额外审批**。主要依据单性状转化体亲本来管理育种复合转基因作物。一般来说，如果亲本已经批准商业化应用，其育种复合后代被认为也是安全的，不需要单独进行审批，可以采用报告等形式。但是，对于极可能产生互作的，例如多个抗虫性状叠加的复合性状产品，仍然需要进行安全评估和审批。美国、加拿大等国家采用此类型管理方式。

2.**需要审批，提供补充信息**。对复合性状转基因作物需单独审批，在采用分析转基因亲本安全评价数据和信息的基础上，要求提供一些额外数据，也被称为衔接数据。衔接数据可以用来确定目的性状的存在，也可以用来确定育种过程是否对复合性状作物产生了不利影响。日本、韩国、菲律宾、阿根廷等国采取此类型管理方式。

3.**需要审批，要求和新转化体相似**。将复合性状转基因作物视为新转化体，对复合性状转基因作物的安全评价采取与单性状转化体相似的评价程序，申报资料的要求也很相似。欧盟采取此类型管理方式。

表4-1　各个国家和地区复合性状转基因作物安全评价管理要求

国家和地区	评价程序	评价方法	评价指标
美国	环保署对多个抗虫基因的复合进行审批	以转基因性状互作为基础	目标蛋白表达、目标蛋白的协同作用等
加拿大	报告制	分析转基因性状间的相关性	目标蛋白表达、目标蛋白有效性等
巴西	报告制	分析转基因性状间的相关性	目标蛋白表达、目标蛋白有效性等
澳大利亚/新西兰	食用安全评价——报告制 环境安全评价——审批制	评价过程中，充分考虑亲本的安全评价信息	目标蛋白表达、目标蛋白的协同作用等
日本	审批制（根据作物类型实施简化程序或逐步评价）	分析转基因性状间的相关性	代谢途径、杂交类型、产品用途、目标蛋白表达、目标蛋白有效性等
韩国	审批制（根据作物类型实施审批程序或豁免）	分析转基因性状间的相关性	杂交类型、产品用途、目标蛋白表达等
菲律宾	审批制（根据作物类型实施简化程序或逐步评价）	分析转基因性状间的相关性	目标蛋白表达、作物表型等
墨西哥	审批制	分析转基因性状间的相关性	目标蛋白表达、目标蛋白有效性、分子特征等
印度	审批制	评价过程中，充分考虑亲本的安全评价信息	目标蛋白有效性、分子特征、营养成分分析等
阿根廷	审批制	评价过程中，充分考虑亲本的安全评价信息	目标蛋白有效性、分子特征、营养成分分析等
俄罗斯	审批制	评价过程中，充分考虑亲本的安全评价信息	目标蛋白有效性、分子特征、营养成分分析等

（续）

国家和地区	评价程序	评价方法	评价指标
哥伦比亚	审批制	评价过程中，充分考虑亲本的安全评价信息	目标蛋白有效性、分子特征、营养成分分析等
南非	审批制	评价过程中，充分考虑亲本的安全评价信息	目标蛋白有效性、分子特征、营养成分分析等
欧盟	审批制	分析转基因性状间的相关性	目标蛋白有效性、营养成分分析等基本包括单一转化体的全部指标

第一节 美 国

（一）美国转基因作物安全管理要求

根据1986年美国内阁科技政策办公室发布的《生物技术管理协调框架》，美国转基因生物管理确定了基于产品而非过程、不专门立法（即在现有法律框架下制定实施法规）、三部门监管（农业部、环保署、食品药品监督管理局）的工作框架。1987年，美国农业部（USDA）依据《植物保护法案》制定实施法规《作为植物有害生物或有理由认为植物有害生物的转基因生物和产品的引入》（7CFR340），进行转基因生物的环境安全管理；1992年，食品药品监督管理局（FDA）依照《联邦食品、药品和化妆品法》发布《源于转基因植物的食品政策》，负责转基因生物的食用和饲用安全管理；2001年，环保署（EPA）根据《联邦杀虫剂、杀菌剂和杀鼠剂方案》发布《植物内置式农药的程序和要求》（40CFR174），负责用作内置农药的转基因生物的安全应用（表4-2）。

表4-2 美国转基因生物管理分工

性状/作物	管理机构	管理内容
抗虫食用类作物（如Bt抗虫玉米）	美国农业部 美国环保署 美国食药总局	植物健康保护 杀虫剂的环境、食用/饲用安全性 食用/饲用安全性
耐除草剂食用类作物（如耐草甘膦大豆）	美国农业部 美国环保署 美国食药总局	植物健康保护 农药的新使用 食用/饲用安全性
耐除草剂观赏类作物（如耐草铵膦郁金香）	美国农业部 美国环保署	植物健康保护 农药的新使用
品质改良食用类作物	美国农业部 美国食药总局	植物健康保护 食用/饲用安全性
花色改变植物	美国农业部	植物健康保护

美国农业部、环境保护署和食品药品监督管理局共同进行转基因作物安全评价，各部门管辖范围和评审内容有所不同。美国农业部动植物健康检验局管理转基因植物的田间试验、跨州转移、进口和解除监管。审批程序分为通知（notification）、许可（permit）和解除监管许可（petition）3种方式。

美国环保署主要管理植物内置式农药（如具有抗虫、抗病等性状的转基因作物）的试验许可和登记。开展10英亩（约60亩）以上的植物内置式农药的试验，需要进行申请，同时在生产应用前需要进行农药登记。需要说明的是，环保署管理的不是转基因作物，而是其内置的农药，如抗虫蛋白等。

美国食品药品监督管理局主要负责转基因食品和饲料、含有转基因成分的食品添加剂的咨询和转基因标识审批，咨询为自愿咨询。其中内置农药蛋白的食用安全性由环保署负责。美国政府认为保证食品安全性是生产者的义务，正如纳税一样，自愿咨询并不意味着对于转基因食品没有安全性的强制要求，而是指美国食品药品监督管理局提供一个咨询渠道，供企业自愿评估转基因生物的安全性。

美国农业部认为通过安全评价的转基因生物不再需要监管，因此批复方式为解除监管；食品药品监管局的食用安全评价为自愿咨询，批复方式是“没有更多的问题”；环保署按照农药管理方式，批复形式是登记信息等。

（二）美国复合性状转基因作物安全管理要求

美国对转基因生物没有单独制定法规，而是利用在转基因产品出现之前就存在的相关法规进行管理，复合性状转基因作物也是基于这些法规来进行管理。

对于利用已解除监管的转基因作物为亲本，通过常规杂交育种获得的复合性状转基因作物，美国农业部对其没有监管要求，研发人员无须再向美国农业部进行申报。美国食品药品监督管理局对转基因产品采取自愿咨询原则，申请人可将育种复合性状产品的生物技术报告提交至食品安全与营养中心，经过该中心审阅后下发信函。美国环保署会对含两个或者多个植物内置式农药（如多个抗虫蛋白）的复合性状产品进行安全评价，评价内容主要包括单个转化体亲本在复合转基因植物中的存在和遗传稳定性以及基因间的相互作用，主要技术指标包括各外源蛋白的表达量、外源蛋白对农田非靶标生物的作用等衔接数据。

复合性状转基因产品的常规育种过程中，在获得包含所有目标性状的终产品前可能需要产生一些育种中间材料。含有所有性状的终产品被视为高阶复合性状产品。高阶复合性状产品的评估资料适用于包含这些转化体的所有中间组合情况。例如，支持复合性状转基因产品A×B×C×D的资料，可以用于支持所有可能的转化体亚组合（例如A×B×C、A×C×D、A×D等）的安全性。如果高阶育种复合性状转基因产品已经获得美国环保署批准，其涵盖的亚组合不需要额外审批。

第二节　欧　　盟

（一）欧盟转基因作物安全管理要求

欧盟对转基因生物安全实施以过程为基础的管理方式，设立了多个转基因生物管理专项法规。21世纪以来，欧洲议会和欧盟理事会根据转基因生物技术的发展情况，修订、新拟了一些转基因生物安全管理的法规。关于转基因生物安全评价主要是两部法规，一是2001年3月12日发布的指令2001/18/EC《关于转基因生物有意环境释放的指令》，其对转基因生物环境释放审批的一般流程进行规定；另一个是2003年9月22日发布的条例（EC）No.1829/2003《转基因食品和饲料管理条例》，对用于食品和饲料的转基因生物审批的流程、相关机构、进行风险评估的原则等进行规定。

转基因商业化应用由欧盟层面管理和决定，欧洲食品安全局（EFSA）及各成员国政府开展转基因风险评估，欧洲食品安全局独立地对直接或间接与食品安全有关的事务提出科学建议。欧盟按照产品用途将转基因生物审批分为两类：第一类为用于种植的转基因生物，批准后可以在批准区域内进行环境释放；第二类为用作食品、饲料的转基因生物，批准后可投放市场。申请用于环境释放或产品投放市场的转基因生物审批过程一般分为3个阶段：提交申请、风险评估、多层决策。申请者将申请资料提交给成员国当局，由成员国自行开展风险评估（食用或饲用的不需要），后提交至EFSA进行风险评估，各成员国可以对申请发表意见，风险评估结果提交至欧盟层面做出决策（图4-1）。欧盟建立了自愿退出机制，允许各个成员国在欧盟通过安全评价后，仍然能自主决定是否允许转基因植物种植。

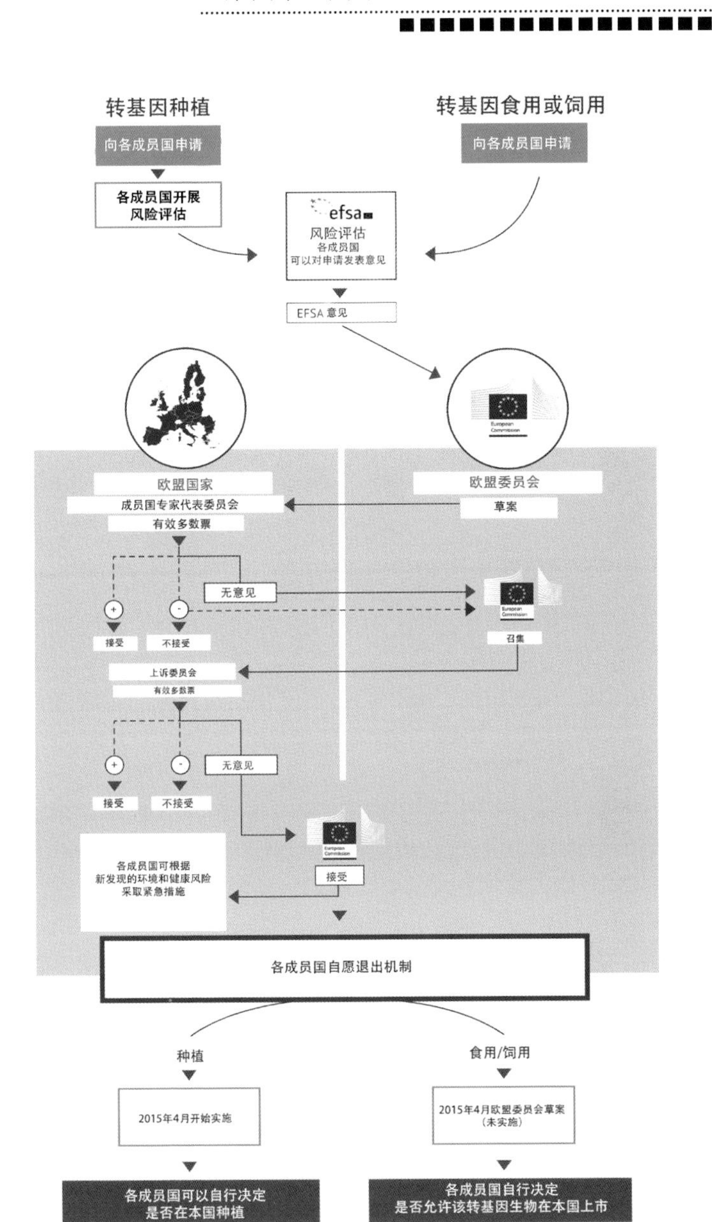

图4-1　欧盟转基因作物审批流程简图

注：图片来自欧盟网站。

（二）欧盟复合性状转基因作物安全管理要求

欧盟认为复合性状转基因作物是新产品，除了具有亲本性状的特点外，其自身还具有新的、独特的性状，需要重新按照欧盟的转基因生物安全评估程序对其进行逐步的安全评估，并提供十分翔实的安全性资料。根据欧洲食品安全局发布的安全评价指导手册，复合性状转基因作物分为A和B两类。类型A由已经授权的转基因植物作为亲本杂交获得，或者由经过安全性评价而等待批复的转基因植物作为亲本杂交获得。类型B为拥有一个或一个以上还没有经过安全评价的转基因植物亲本。由于常规杂交育种并不包含一个新的转化过程，类型A的安全评价应基于亲本安全评价资料；类型B的安全评价应基于通过安全性评价的亲本，或者将复合性状作为一个新的性状独立进行安全评价。类型A复合性状转基因作物安全评价在第三章第三节进行过介绍，其关键要素为：

1.**插入基因的完整性和表型的稳定性**。包括插入基因位点、插入基因的完整性，插入基因的结构，转基因性状的稳定性和目标蛋白的表达水平。必要时，需要进行组成成分分析和动物试验。

2.**转基因性状的潜在相互作用**。包括农艺性状数据的分析，蛋白表达数据的分析，营养成分的分析，毒性、过敏性分析，对非靶标生物的和生物多样性的影响分析，杂草性分析和基因漂移的分析。

欧盟对复合性状转基因作物的评价内容几乎会涵盖了单一转化体安全评价的全部资料和全部程序。目前，欧盟已批准了油菜、玉米、大豆、棉花等作物的多个复合性状转基因产品(表4-3)。

表4-3　欧盟批准的复合性状转基因作物

作物	产品
油菜	MON88302 × MS8 × RF3 MS1 × RF1 MS1 × RF2
玉米	59122 × MON88017 Bt11 × 59122 × MIR604 × TC1507 × GA21 Bt11 × MIR162 × MIR604 × GA21 GA21 × MON810 MON863 × MON810 × NK603 MON810 × MON88017 MON87427 × MON89034 × NK603 MON89034 × TC1507 × MON88017 × 59122 TC1507 × 59122 × MON810 × MIR604 × NK603 TC1507 × 59122 × MON88017
大豆	DP305423 × GTS40-3-2 MON87701 × MON89788 MON87705 × MON89788 MON87708 × MON89788
棉花	3006-210-23 × 281-24-236 × MON88913 GHB614 × LLCotton25 MON15985 × MON1445 MON531 × MON1445

注：对于高阶复合性状转基因产品，其已经批准的亚组合没有在表中列出。

第三节　加 拿 大

（一）加拿大转基因作物安全管理要求

在加拿大监管法规中，拥有与传统植物不同或全新的性状的植物或产品，被称为“新性状植物（Plants with Novel Trait, PNT）”或“新型食品”。新性状植物定义为植物品种/基因型拥有的特性，与在加拿大内种植常规种子获得的稳定种群的特性不尽相同或不实质等同，而是通过特异的遗传改变方法有意选择、创造或引入的特性。

加拿大的转基因作物安全管理体制采取的是多个部门联

合管理的模式。加拿大食品监督局依据种子、饲料、肥料、植保、动物卫生等法案，负责管理转基因作物环境释放、进口、种植及畜牧饲料使用等。加拿大卫生部依据《食品和药品法》和《新型食品法规》等负责转基因食品安全监督管理。

加拿大将转基因作物研究划分为实验研究和环境释放两个阶段，进行转基因作物的实验研究不需经过审批，进行环境释放则需要研发者遵循相关法规、指南进行申请，获得批准后方可开展。根据环境释放的试验目的和控制条件，又可分为限制性释放和非限制性释放。限制性释放是以科研为目的，在限制性条件下采取隔离措施进行的环境释放。非限制性释放是以商业化为目的，加拿大卫生部和加拿大食品监督局会分别从食品安全性、环境安全性和饲用安全性3方面进行评估。加拿大卫生部的新食品处负责进行转基因产品的食品安全评估。加拿大食品监督局的植物生物安全办公室和饲料处分别负责进行转基因产品的环境安全评估和饲用安全评估。

（二）加拿大复合性状转基因作物安全管理要求

对于由已批准转化体育种获得的复合性状转基因作物，如果想商业化种植，需要在种植前60天向加拿大食品监督局提交报告，如果是做试验用途的小规模种植，则不需要任何报告。加拿大食品监督局根据个案原则，在60天内告知是否需要展开进一步的安全评价。例如产品是两个抗虫性状复合的育种复合性状产品，则需要申请者提交关于害虫抗性治理方面的数据等。如果高阶育种复合性状转基因产品的衔接数据表明其不产生任何额外新的性状，并且基因表达水平与其亲本相似，那么对于高阶育种复合性状转基因产品的批准也适用于其涵盖的亚组合。

加拿大卫生部对于由已批准转化体育种复合而成的转基因产品，不需要任何形式的报告。只有当育种复合性状转基因产品表现出新的特性，才需要对新食品进行评价，截至目前还没有这种情况发生。

第四节　澳大利亚

（一）澳大利亚转基因作物安全管理要求

在澳大利亚，转基因生物管理遵循《基因技术法案》，其于2001年6月21日生效，目的是通过鉴定基因技术产品是否带来或引起风险，以及对特定的转基因生物操作进行监管来管理这些风险，进而保护人民的健康和安全，保护环境。为实施该法案，澳大利亚随后制定了《基因技术法规》以及澳大利亚政府和各州各地区间的《基因技术政府间协议》。根据《基因技术法案》的规定，转基因生物试验、研制、生产、制造、加工，转基因生物育种、繁殖，在非转基因产品生产过程中使用转基因生物，种植、养殖或组织培养转基因生物，进口、运输、处置转基因生物等活动均适用于该法。

在转基因产品食用安全管理方面，《澳大利亚/新西兰食品标准法典》要求对来源于转基因植物、动物和微生物的食品进行监管。澳新食品标准局代表澳大利亚联邦政府、州/特区政府和新西兰政府负责对利用转基因产品加工的食品进行上市前必要的安全评价工作。澳新食品标准局颁发了以个案审查为原则的安全评价办法，从分子特征、毒理学、营养、组分这几方面，将转基因食品与相似的传统食品进行比较。

澳大利亚的转基因生物安全管理体制主要由以下机构组成：基因技术部长理事会、基因技术执行长官、基因技术管理办公室。基因技术部长理事会是在《基因技术政府间协议》中确立的，管理基因技术执行长官的活动。基因技术执行长官由总督任命，享有充分的独立性。基因技术管理办公室下设在澳大利亚政府健康和老年部，在基因技术执行长官领导下负责监管转基因生物的相关工作，包括实验研究、田间试验、商业化种植以及饲用批准。

此外，澳大利亚于1994年成立了基因技术顾问委员会，隶属于工业技术学部，由生物、法律、伦理、生态环境专家以及社会公众代表组成，负责对基因技术的安全性及可能涉及的法律问题向政府提供咨询，同时制定有关安全标准。另外，澳大利亚农林渔业部对澳新食品标准局组织的转基因食品的评估和商业批准等问题进行评价。

（二）澳大利亚复合性状转基因作物安全管理要求

澳大利亚对于育种复合性状产品不再进行额外的食用安全评价，但要求研发者在产品上市前，将相关信息事先报告澳新食品标准局。澳新食品标准局仅会评价那些转基因亲本还未通过审批的育种复合性状转基因产品。

澳大利亚要求对复合性状转基因植物环境安全性进行风险评估。研发者需要提供资料表明复合性状间没有相互作用，或者复合性状互作对环境不会带来不利影响，反之则需要按照新的转化体在个案分析的基础上进行安全评价。澳大利亚复合性状转基因作物环境安全评价方法与单一转化体相同，但在评价时会充分考虑转基因亲本的安全性，并列表指出哪些安全性问题在亲本评价中已经完成，不需要考虑，哪些安全性问题存在于复合性状产品中，需要重点考虑。安全评价中重点考虑的是转基因性状的互作效应，主要有两类：一是对非靶标生物的影响，关键是转基因性状间的协同作用；二是杂草性，关键是转基因性状间的协同作用是否会增加受体的生存竞争能力和环境适应能力。

从本质上说，澳大利亚的管理模式与美国相同。由于其特殊的地理位置，澳大利亚加强了对环境安全的风险评价，但安全评价的技术指标与美国环保署的要求基本相同，只是澳大利亚的评价对象不限于植物内置农药。

第五节　日　本

（一）日本转基因作物安全管理要求

日本按照转基因生物的特性和用途，将转基因生物安全管理分为实验室研究阶段安全管理、食品安全评价、饲料安全评价和环境安全评价。

日本文部科学省依据《重组DNA实验指南》对实验室及封闭温室内的转基因生物研发进行管理。厚生劳动省和内阁食品安全委员会依据《食品卫生法》和《转基因食品和食品添加剂安全评价指南》对转基因食品进行管理并实施安全评价。日本厚生劳动省负责受理安全评价申请，内阁食品安全委员负责安全评价的实施，并将评价结果通过日本厚生劳动省反馈给申请者。农林水产省和内阁食品安全委员依据《转基因饲料安全评价指南》和《转基因饲料添加剂安全评价指南》对饲料和饲料添加剂进行安全评价，评价程序与转基因食品基本相同。农林水产省依据《在农业、林业、渔业、食品工业和其他相关部门应用重组DNA生物指南》对转基因生物进行环境安全评价。

内阁食品安全委员会是一个独立的风险评估部门，负责为厚生省和农林水产省提供食品和饲料安全风险评估，评价内容主要有受体植物的安全性、外源基因的特性、新表达蛋白的

特性、新表达蛋白的安全性、转基因食品的营养成分和加工过程影响等。

（二）日本复合性状转基因作物安全管理要求

内阁食品安全委员对复合性状转基因产品的食用安全评价，基于亲本中转基因性状对植物代谢的影响将转基因植物分成3类。第一类为没有改变受体植物的代谢途径。第二类为改变受体植物代谢途径，导致内源代谢产物的增加或减少，如改变营养成分。第三类为改变受体植物代谢途径，并引入新的代谢产物。

复合性状转基因植物的管理根据其单性状亲本来进行分级管理。只有类型一亲本的复合性状转基因产品不需要重新提供额外的安全评价资料，并可以豁免审批，但必须满足以下前提条件：①复合性状转基因作物在蛋白表达水平上与单一转化体相比没有改变；②不属于亚种间杂交；③不会改变人类消费水平、植物取食部位及用途。所要提交的资料主要包括蛋白表达水平、蛋白表达的有效性、蛋白之间不存在互作的分析资料，单性状转化体的相关资料等。申请人应通知管理部门拟商业化应用的复合性状转基因产品，以便于追踪。对于有第二类和第三类亲本的复合性状转基因植物需要依据个案分析的原则进行安全评价。

在环境安全性方面，除不需要日本境内试验，复合性状转基因产品环境评价程序与单性状转化体基本相同。日本实施了一些简化复合性状转基因产品环境安全评价的措施，如采纳“高阶复合性状产品覆盖低阶复合性状产品”方法，可以在一份高阶育种复合性状转基因产品申请中，提交所有亚组合的资料。

第六节　韩　　国

（一）韩国转基因作物安全管理要求

韩国于2007年10月成为《卡塔赫纳生物安全议定书》的缔约方，2008年1月实施《转基因生物法案》，该法案是韩国生物技术相关领域规章制度的基本法，也是从立法层面对于《卡塔赫纳生物安全议定书》的履行。转基因作物安全管理涉及多个机构。农林部制定《与农业研究相关的转基因生物的测试和处理管理办法》《转基因农产品的环境风险评估指南》等，由其下属的农村发展管理局负责转基因生物的环境风险评估。健康与福利部制定《遗传重组试验管理办法》《转基因食品标识基准》《转基因食品和添加剂的风险评估资料的检查指导方针》，由其下属的食品药品管理局负责食品、食品添加剂和药品的转基因安全评估与管理。

转基因产品上市前需经过以下两个审批步骤。一是安全性审查阶段，申请单位提交的材料由农村发展管理局和食品药品管理局分别从环境安全性和食品安全性两个方面进行安全性审查。二是征求公众意见阶段，农村发展管理局和食品药品管理局完成安全性审查后将审查结果在网站上进行公示，征求意见。之后，批准最终审查结果，并通知研发者。

（二）韩国复合性状转基因作物安全管理要求

食品药品管理局将复合性状转基因作物安全评价程序分为豁免和未豁免两类。对于未改变目标蛋白表达水平、无亚种间杂交、不改变人类消费水平以及植物取食部位和用途的复合性状转基因植物采取豁免评价程序，只需要提供目标性状有效存在的生物学测定数据。未被豁免的复合性状转基因作物则要进行严格的安全评价。食品药品管理局下属的转基因食品安全评价委员会对复合性状产品简化数据进行科学评价，如果复合性状产品达到了法规中的要求，那么不需要再进行与单性状转化体同样的风险评估。

农村发展管理局要求申请者就复合性状转基因作物环境风险评估提出以下材料：①外源性状间是否互作；②复合性状转基因作物合理的描述；③对上述条款①和②的评价。农村发展管理局下属的改性活体生物风险评价委员会对复合性状产品相关的简化数据进行科学评价后，如果达到了相关要求，那么不需要再进行与单性状转化体同样的风险评估。

第七节 阿 根 廷

（一）阿根廷转基因作物安全管理要求

阿根廷从1991年开始对转基因生物活动进行监管。阿根廷第124/91号决议，确定成立国家农业生物技术委员会，以及国家农业生物技术委员会的管辖范围和程序。第328/97号决议规定国家农业生物技术委员会的成员资格。第289/97号决议确定国家食品安全与质量服务局对转基因食品的管辖权限。

阿根廷农业产业部第763/11号决议确定了一系列针对转基因植物、动物和微生物等管理的指导方针。第701/11号决议是第763/11号决议的补充，一般适用于未获得商业批准的转基因生物品种，包括监管下的试验许可和商业释放的环境风险分析。第17/2013号决议，规定阿根廷转基因种子和转基因生物的生产的管理要求。第226/197决议，规定了监管措施要求。第498/2013号决议，规定转基因种子标准、分类。第318/2013号决议，规定了与已通过风险评估的品种，在生物结构上相似的品种的管理要求。第173/2015号决议有关于生物改良新技术的管理，规定了新技术产品是否可以认作转基因产品的评估程序。

转基因作物试验环节审批涉及阿根廷农业产业部生物技术司、国家农业生物技术委员会、国家食品安全与质量服务局、国家种子研究所等部门。商业化生产前，需要获得阿根廷农业产业部农业食品市场司、转基因应用农业技术委员会、国家食品安全与质量服务局和国家农业生物技术委员会等的批准。

（二）阿根廷复合性状转基因作物安全管理要求

阿根廷农业产业部第60/2007号决议，规定了由已获得商业化批准的品种通过杂交育种获得的复合性状转基因植物的管理要求。对复合性状转基因作物食品和饲料的应用要求是，不需要进行单独的审批。关于复合性状转基因作物的种植许可，若亲本都已获得批准，提供亲本转基因性状在育种复合转基因植物中的表现和遗传稳定性以及基因间相互作用的数据和资料，根据这些资料来对复合性状植物进行评估。若含有未批准的转基因性状，则将该复合性状转基因作物作为一个新的转化体进行审批。

中国复合性状转基因作物的安全管理

第一节　转基因作物安全管理制度和体系

我国是发展利用转基因技术及其产物的大国，也是较早实行转基因安全管理的国家之一，目前已形成了一套适合我国国情并与国际接轨的转基因安全管理体系。

（一）管理理念

目前，世界上主要国家对农业转基因生物的安全管理基本上都是采取了行政法规和技术标准相结合的方式，但在具体管理上，各国略有不同，可以归纳为3种类型。第一种是以产品的特性和用途为基础的模式。以美国为代表，不对农业转基因生物单独立法，将其纳入现有法规中进行管理，增加转基因产品有关条款，认为转基因生物与非转基因生物在安全性方面没有本质区别。第二种是以过程为基础的管理模式。以欧盟为代表，基于研究过程进行管理，以是否采用转基因技术进行判断，认为转基因技术本身具有潜在危险，采取预防原则，单独立法。第三种是中间模式。我国属于这一模式，既对产品又对过程进行评估，体现了我国对转基因工作一贯的管理政策，即研究上要大胆，坚持自主创新；推广上要慎重，做到确保安全；管理上要严格，坚持依法监管 。

（二）法律法规和技术规程

我国关于转基因技术安全管理最早的部门规章是在1993年由国家科委（现科学技术部）颁布的《基因工程安全管理办法》。1996年，农业部（现农业农村部）颁布《农业生物基因工程管理实施办法》，规范了农业生物基因工程领域的研究与开发。2001年，国务院颁布了《农业转基因生物安全管理条例》，对农业转基因生物进行全过程安全管理，确立了转基因生物安全评价、生产许可、加工许可、经营许可、进口管理、标识等制度。2002年以来，根据《农业转基因生物安全管理条例》，农业部先后制定了《农业转基因生物安全评价管理办法》《农业转基因生物进口安全管理办法》《农业转基因生物标识管理办法》《农业转基因生物加工审批办法》等配套规章，原国家质量监督检验检疫总局发布了《进出境转基因产品检验检疫管理办法》，从而确立了我国农业转基因生物安全管理“一条例、五规章”的基本法规框架。根据转基因安全管理的发展和需要，2016年农业部对《农业转基因生物安全评价管理办法》进行了修改。2017年，国务院对《农业转基因生物安全管理条例》进行了修改，安全评价、标识、进口管理办法也据此进行了相应修改。此外，我国制定了转基因植物、动物、动物用微生物安全评价指南，发布实施了农业转基因生物安全管理标准190余项，涵盖了转基因安全评价、监管、检测等多个方面，形成了一套科学规范的技术规程体系。

除了农业转基因生物安全管理专门法规外，为了规范农业转基因生物在食品、种子、畜禽等各类产品中的应用，相关管理法律法规也对转基因产品进行了规定。《中华人民共和国种子法》对转基因植物品种选育、试验、审定、推广和标识等做出专门规定。《中华人民共和国食品安全法》规定，生产经营转基因食品应当按照规定进行标示。《中华人民共和国农产品质量安全法》规定，属于农业转基因生物的农产品，应当按照农业转基因生物安全管理的有关规定进行标识。《中华人民共和国畜牧法》规定了转基因畜禽品种培育、试验、审定和推广的有关要求。《中华人民共和国渔业法》规定，引进转基因水产苗种必须进行安全性评价。《农药管理条例实施办法》和《兽药注册办法》也对利用基因工程技术获得的相关产品进行了规定。

（三）管理体系

国务院建立农业转基因生物安全管理部际联席会议制度，农业转基因生物安全管理部际联席会议由农业、科技、环境保护、卫生、检验检疫等有关部门的负责人组成，研究和协调农业转基因生物安全管理工作中的重大问题。农业农村部负责全国农业转基因生物安全的监督管理工作，成立了农业转基因生物安全管理办公室。县级以上农业农村部门，按照属地化管理原则管理本行政区域的转基因安全管理工作。出入境检验检疫部门负责进出口转基因生物安全的监督管理工作，县级以上各级人民政府卫生行政主管部门依照《食品安全法》的有关规定负责转基因食品卫生安全的监督管理工作。同时，要求转基因研发单位、种子生产经营单位等转基因从业者落实主体责任，做好本单位农业转基因生物安全管理工作，依法依规开展转基因活动。

（四）技术支撑体系

除了管理体系，我国建立了由国家农业转基因生物安全委员会、全国农业转基因生物安全管理标准化技术委员会、检验测试机构组成的技术支撑体系，从安全评价、标准、检测3

方面提供技术保障。2002年以来，我国组建了五届国家农业转基因生物安全委员会，负责农业转基因生物安全评价工作。2016年成立的第五届安委会共有74名委员。2017年，新一届全国农业转基因生物安全管理标准化技术委员会成立，由37名不同领域专家组成。农业转基因生物检验测试机构共40家，涵盖食用安全、环境安全和成分3个类别检测，形成了功能齐全、区域分布广泛的农业转基因检测体系，为加强农业转基因生物安全评价和安全监管提供了技术支撑。

第二节　转基因作物安全评价

（一）安全评价原则

农业转基因生物安全评价是以科学为基础的风险评估过程，通过科学分析各种科学资源，从而判断具体的转基因生物是否存在危害并划分安全等级。国际上对农业转基因生物进行安全评价时一般遵循科学原则、实质等同原则、个案分析原则、分阶段原则、预防原则等。我国的安全评价工作一般也遵循上述原则。科学原则是指以科学为基础，在安全管理过程中，不但充分利用已有的科学信息和科学资源，而且强调申请人和第三方机构提供的技术资料与试验结果。实质等同原则是经合组织于1993年提出的关于转基因食品安全评价的一个手段，将转基因生物与非转基因对照进行比较，若二者具有实质等同性，则是安全的。个案分析原则要求转基因生物安全性不能一概而论，应根据具体的转基因生物进行具体分析，应考虑受体生物、外源基因、基因操作、用途、潜在的接受环境等因素的影响。分阶段原则又称渐进原则，指在划分不同阶段，循序渐进地进行风险评估。预防原则要求在安全评价过程中发现有科学的不确定性时，可以采取预防为主的管理措施。

（二）安全评价程序

通过安全评价，是农业转基因生物获批上市的前置条件。我国对农业转基因生物实行分级、分阶段的管理评价制度。农业转基因生物按照其对人类、动植物、微生物和生态环境的危害程度，分为不存在危险（Ⅰ级）、低度危险（Ⅱ级）、中度危险（Ⅲ级）、高度危险（Ⅳ级）4个等级。安全评价分为实验研究、中间试验、环境释放、生产性试验4个试验阶段和申请安全证书阶段。在不同的试验阶段检测和安全评价合格后，才能申请生产应用安全证书，任一环节出现安全性问题都将中止试验。在进口方面，转基因农产品出口到中国，必须满足5个条件：一是输出国家或者地区已经允许作为相应用途并已投放市场；二是输出国家或者地区已经过科学试验证明对人类、动植物、微生物和生态环境无害；三是经农业农村部委托的具备检测条件和能力的技术检测机构对其安全性进行检测；四是国家农业转基因生物安全委员会安全评价合格；五是具有相应的安全管理、防范措施。

（三）安全评价内容

以转基因作物为例，安全评价内容主要包括分子特征、环境安全和食用安全 3 个方面。分子特征主要评估遗传稳定性、目的基因在基因组中的整合情况、外源插入片段在不同组织中的表达情况。环境安全评价主要包括生存竞争能力、基因漂移的环境影响、功能效率评价、对非靶标生物的影响、在自然环境对植物生态群落结构和有害生物地位演化的影响、靶标生物的抗性风险6个方面。食用安全评价主要包括新表达物质毒理学评价、致敏性评价、关键成分分析、全食品安全性评价、营养学评价、生产加工对安全性影响的评价以及按个案分析的原则需要进行的其他安全性评价7个方面。具体要求见附录1和附录2。

（四）安全评价结果

目前我国有4种转基因作物获得生产应用安全证书并在有效期内，分别为抗虫棉、抗病毒番木瓜、抗虫水稻和植酸酶玉米。棉花和番木瓜是目前我国允许商业化种植的转基因作物。截至2018年，我国共批准55个转化体的进口安全证书，其中大豆转化体16个、玉米转化体20个、油菜转化体9个、棉花转化体9个、甜菜转化体1个，涉及抗虫、耐除草剂、耐旱、品质改良、育性改变等性状。

第三节　复合性状转基因作物审批情况

目前，我国批准了6项育种复合性状转基因产品进口用作加工原料（表5-1），分别是1个转基因玉米产品、2个转基因大豆产品和3个转基因油菜产品，均为两个转化体育种复合而成的转基因产品。

表5-1　我国批准进口用作加工原料的复合性状转基因作物

作物	转化体	外源基因	性状	批准时间（年）
玉米	Bt11 × GA21	*cry1Ab*、*pat*和*mepsps*	抗鳞翅目害虫和草甘膦耐受	2011
大豆	MON87701 × MON89788	*cry1Ac*和*cp4 epsps*	抗鳞翅目害虫和草甘膦耐受	2013
大豆	304523 × GTS40-3-2	*gm-fad2-1*和*cp4 epsps*	高油酸含量和草甘膦耐受	2014
油菜	Ms1Rf1	*barnase*、*barstrar*和*bar*	育性控制和草铵膦抗性	2004

（续）

作物	转化体	外源基因	性状	批准时间（年）
油菜	Ms1Rf2	*barnase*、*barstrar*和*bar*	育性控制和草铵膦抗性	2004
油菜	Ms8Rf3	*barnase*、*barstrar*和*bar*	育性控制和草铵膦抗性	2004

其中，Ms1Rf1、Ms1Rf2、Ms8Rf3均为油菜杂交品种，是利用转基因不育系和转基因恢复系杂交培育的抗草铵膦油菜。Ms1、Ms8为转基因不育系，含有*barnase*基因，且仅在花药发育阶段的绒毡层细胞表达，从而导致活性花粉减少以致雄性不育，同时还具有*bar*基因，可使转化体耐受除草剂草铵膦。Rf1、Rf2、Rf3为育性恢复系，含有一个*barstar*基因，编码核糖核酸酶的抑制剂，且仅在绒毡层细胞中表达，与雄性不育系杂交后可使育性恢复，同时也含有*bar*基因。Ms1、Ms8、Rf1、Rf2、Rf3等单一转化体没有在我国获批进口用作加工原料，Ms1Rf1、Ms1Rf2、Ms8Rf3是以全新转化体的形式申请安全证书的。因此，这里以3个转基因玉米和大豆复合性状产品为例分析我国复合性状转基因作物的审批情况。

从公布的安全评价申请资料上来看，复合性状转基因作物在提供单性状产品安全评价资料基础上，还会提供外源基因相互作用评价的数据。在分子特征方面，提供插入基因整合稳定性情况，以及目的蛋白在植物各主要部位表达量情况。在环境安全性方面，提供农艺性状、转基因性状等的数据，特别是抗虫性状的转基因作物对于非靶标和靶标害虫影响的变化情况，从而评估基因互作情况和对环境安全性的影响。在食用安全性方面，亲本转化体安全评价资料中提供了对毒性、过敏性评价的试验信息，此外提供复合性状产品抗营养因子、主要营养成分等全食品安全性分析试验结果来评估基因互作情况和对食用安全性的影响。

（一）抗虫抗除草剂玉米Bt11×GA21

抗虫抗除草剂玉米Bt11×GA21在2011年11月获批。其亲本抗虫玉米Bt11含有的抗虫基因*cry1Ab*，对欧洲玉米螟、西非大螟和亚洲玉米螟等鳞翅目昆虫具有抗性，还含有标记基因*pat*，对草铵膦类除草剂具有抗性，*cry1Ab*和*pat*以单拷贝的形式插入到基因组中。Bt11于1996年在美国批准商业化应用，此后陆续在加拿大、巴西、日本、阿根廷等20多个国家或地区批准商业化种植或食用/饲用，我国于2004年批准Bt11进口用作加工原料。

亲本抗除草剂草甘膦玉米GA21，含有修饰过的5-烯醇丙酮酸莽草酸-3-磷酸合成酶基因（mEPSPS），与玉米内源EPSPS蛋白不一样，mEPSPS蛋白耐受草甘膦。在GA21中，mEPSPS基因表达框以单个位点多个拷贝的形式插入玉米基因组中。1997年，美国批准GA21商业化种植。2004年，我国批准了GA21进口用作加工原料。

从公布的安全评价申请资料上来看，申请信息结合了亲本和Bt11×GA21安全评价资料和数据，主要包括以下方面：

1. **亲本安全评价信息。**

（1）分子特征。利用Southern杂交等方法，分析Bt11、GA21中插入序列的结构、拷贝数和在基因组中的定位以及遗传稳定性等。

（2）环境安全评价。分析Bt11、GA21的抗虫性或抗除草剂效果等。

（3）食用安全评价。Cry1Ab蛋白、PAT蛋白和mEPSPS蛋白生物信息学信息，分析致敏性、毒性；Cry1Ab蛋白、PAT

蛋白、mEPSPS蛋白急性经口毒性研究、模拟消化液试验、热稳定性试验等。

2. Bt11×GA21安全评价信息。

（1）分子特征。利用Southern杂交验证育种过程对外源插入的影响；Bt11×GA21遗传稳定性；比较Bt11×GA21与亲本在不同的器官和组织中Cry1Ab、PAT、mEPSPS表达量等。

（2）环境安全评价。比较Bt11×GA21与非转基因玉米的农艺性状和表型；比较Bt11×GA21与受体的生存竞争能力、适应性等；分析Bt11×GA21杂草化倾向；比较Bt11×GA21与非转基因玉米以及与Bt11的抗虫效率；比较Bt11×GA21与Bt11、GA21对草甘膦和草铵膦的耐受性；分析Bt11×GA21对非靶标生物、环境中其他生物的影响等；具有相关资质的我国检测机构对Bt11×GA21环境安全的检测报告（包含生存竞争能力、对非靶标生物和生物多样性的影响等）。

（3）食用安全评价。Bt11×GA21营养成分与抗营养因子分析等；具有相关资质的我国检测机构对Bt11×GA21食用安全的检测报告（包含全食品90天大鼠喂养实验等）。

（二）抗虫抗除草剂大豆MON87701×MON89788

MON87701×MON89788是通过常规育种将MON87701的抗虫性状和MON89788的抗除草剂性状聚合在一起。MON87701含有*cry1Ac*基因，2010年在美国和加拿大被批准商业化种植，随后被欧盟、印度尼西亚、日本、菲律宾、新加坡、越南等多个国家和地区批准进口。我国在2013年批准MON87701进口。大豆MON89788含有*cp4 epsps*基因，2007年在美国和加拿大批准商业化种植，随后被欧盟、阿根廷、澳大利亚、印度等多个国家和地区批准进口，我国在2008年批准其进口。MON87701×MON89788和MON87701同一时间在我国批准进口。

从公布的安全评价申请资料上来看，申请信息结合了亲本和MON87701×MON89788安全评价资料和数据，主要包括以下方面：

1. 亲本安全评价信息。

（1）分子特征。利用Southern杂交、PCR等方法，分析MON87701、MON89788插入序列的结构、拷贝数和在基因组中的定位以及遗传稳定性等。

（2）环境安全评价。分析MON87701、MON89788的抗虫性或抗除草剂效果；分析Cry1Ac蛋白对非靶标生物的影响等。

（3）食用安全评价。Cry1Ac蛋白和CP4 EPSPS蛋白生物信息学，分析致敏性、毒性；Cry1Ac和CP4 EPSPS蛋白急性经口毒性研究、模拟消化液试验、热稳定性试验、摄入量评估等。

2. MON87701×MON89788安全评价信息。

（1）分子特征。利用Southern杂交验证育种过程对亲本外源插入的影响；比较MON87701×MON89788与亲本在不同的器官和组织中目的蛋白表达量等。

（2）环境安全评价。比较MON87701×MON89788与受体的农艺性状和表型，分析杂草化倾向等；比较MON87701×MON89788与受体的生存竞争能力、适应性等；比较MON87701×MON89788与受体以及与MON87701的抗虫效率，比较MON87701×MON89788与受体以及与MON89788的抗虫抗草甘膦效果；分析MON87701×MON89788对非靶标生物、环境中其他生物的影响；具有相关资质的我国检测机构对MON87701×MON89788环境安全的检测报告（包含生存竞争能力、对非靶标生物和生物多样性影响等）。

（3）食用安全评价。MON87701×MON89788互作可能性分析；MON87701×MON89788营养成分与抗营养因子分析；具有相关资质的我国检测机构对MON87701×MON89788食用安全的检测报告（包含90天大鼠喂养实验等）。

（三）高油酸抗除草剂大豆305423×40-3-2

转基因大豆305423×40-3-2通过常规育种方式，将转基因大豆305423的高油酸性状与转基因大豆40-3-2的抗除草剂性状聚合在一起。复合性状大豆305423x40-3-2在美国、加拿大、墨西哥、澳大利亚、新西兰、日本、韩国、南非和菲律宾等国家和地区被批准商业化种植或者食用、饲用。我国在2014年批准其进口用作加工原料。

亲本305423含有Ω-6脱饱和酶基因*fad2-1*的部分序列，即*gm-fad2-1*，还含有乙酰乳酸合成酶基因*gm-hra*。外源转入的*gm-fad2-1*在大豆种子中特异表达，能有效抑制大豆内源*fad2-1*的表达，使其发生沉默，从而抑制了油酸向亚油酸的转换，提高大豆中油酸的水平。基因*gm-hra*使植物抗磺酰脲类除草剂，在305423中仅用作转化体筛选标记。在2008年，305423大豆率先在墨西哥获得了食用安全许可。此后，该大豆品种相继获得了加拿大、美国、澳大利亚、日本、韩国、南非、新加坡和菲律宾的批准。2011年，我国批准大豆305423进口用作加工原料。

亲本抗除草剂转基因大豆40-3-2含有*cp4 epsps*基因，使得大豆耐受除草剂草甘膦。转基因大豆40-3-2是第一批商业化推广应用的转基因品种，从1996年就开始大规模种植。我国在2004年批准其进口用作加工原料。

从公布的安全评价申请资料上来看，与前述的两个育种复合性状产品一样，305423×40-3-2的申请信息结合了亲本和自身安全评价资料和数据。由于305423×40-3-2大豆中脂肪酸组分发生了改变：油酸含量增加，亚油酸和亚麻酸含量降低以及棕榈酸含量少量降低，因此与前两个复合性状转基因产品相比，305423×40-3-2申请资料中提供了营养成分改变对营养利用率影响的试验资料，通过肉鸡喂养试验的营养等同性研究结果表明，305423×40-3-2大豆与具有同样遗传背景的非转基因对照大豆的营养相当。

第四节　复合性状转基因作物安全管理思考

随着人们对育种复合性状转基因作物安全管理研究的不断深入，目前普遍的观点认为，复合性状转基因作物风险主要表现在转基因性状间的相互作用。当复合性状转基因作物中各转基因性状之间没有互作时，亲本的安全性将决定复合性状产品的安全性；当转基因性状间可能存在互作，那么就有必要确定该相互作用是否会潜在影响复合性状转基因作物的安全性。外源基因的相互作用可以从多个方面进行验证和分析。

1.**作用机制的分析**。分析外源基因的作用机制、途径和原理，判断不同外源基因之间相互作用的可能性和影响。

2.**分子水平分析**。分析外源基因表达水平，判断外源基因之间相互作用的可能性和影响。

3.**性状分析**。比较亲本和复合性状产品中的转基因性状、农艺性状等，判断外源基因之间相互作用的可能性和影响。

4.**食用安全分析**。分析复合性状产品的全食品安全性和营养成分等，判断外源基因之间相互作用的可能性和影响。

5.**环境安全分析**。分析复合性状产品对环境的影响，例如对非靶标生物的影响等，判断外源基因之间相互作用的可能性和影响。

总的看来，以单性状转化体安全评价资料为基础，对复合性状转基因作物开展相互作用分析，是目前国际上多数国家采用的通用做法。然而由于基因互作的复杂性，也受技术发展水平等因素的影响，不同国家和地区对于外源基因相互作用的可能性、性质和影响的认识看法不一，采取了不同的安全评价模式。大多数国家要求从作用机制、分子水平和性状比较等方面对复合性状转基因产品中的互作情况进行评估，事实上，稳定、有效的转基因性状也是复合性状转基因产品上市的必要条件。一些国家还要求对环境安全性进行分析，例如澳大利亚、新西兰。欧盟则还要求对食用安全性和环境安全性均进行分析。

在转基因生物新品种培育科技重大专项的支持和推动下，我国已形成单一性状和复合性状兼顾的转基因植物研发格局，在国际上，复合性状转基因作物种植面积比例也超过40%。预期在未来，复合性状转基因作物相关申请和管理工作将会不断增多。我国依据个案分析原则对复合性状转基因作物进行安全评价，目前批准了6种复合性状转基因作物进口用作加工原料。从安全评价申请资料的公开信息来看，我国复合性状转基因作物安全评价，充分考虑单性状转基因亲本安全评价资料，并按照个案分析原则，从作用机制、分子特征、性状比较、环境安全、食用安全等方面评价基因互作情况。建议可根据安全评价经验和管理实际需要，适时出台相应的安全评价指南或标准，进一步指导复合性状转基因作物安全评价工作，促进复合性状转基因作物的研究和发展。

参考文献

国际农业生物技术应用服务组织，2018. 2017年全球生物技术／转基因作物商业化发展态势[J].中国生物工程杂志，38（6):1-8.

刘培磊，2012. 让转基因生物安全回归科学[J].农业科技管理，(6):57-59.

刘培磊，李宁，程金根，2008. 不同国家和地区复合性状转基因作物安全评价管理的比较[J]. 农业科技管理，27（3):23-26.

柳晓丹，许文涛，黄昆仑，等，2016. 复合性状转基因植物安全性评价的研究进展[J].生物技术通报，32（6):1-6.

农业部农业转基因生物安全管理办公室，2014. 转基因食品安全面面观[M].北京：中国农业出版社.

盛耀，许文涛，罗云波，2013. 转基因生物产业化情况[J]. 农业生物技术学报，21（12):1479-1487.

杨雄年，2018.转基因政策[M].北京：中国农业科学技术出版社.

朱鹏宇，黄昆仑，商颖，等，2014. 全球复合性状转基因作物监管制度的比较分析[J].食品安全质量检测学报，(8):2538:2543.

Amal, Khalil I H, Bari A, et al., 2009. Genetic variation for yield and yield components in rice [J]. Journal of Agricultural & Biological Science, 60-64.

Ames B N, Profet M, Gold L S., 1990. Nature's chemicals and synthetic chemicals: comparative toxicology [J]. Proc Natl Acad Sci USA, 87 (19):7782-7786.

Anonymous, 1970. USDA process eliminates major potato processing pollutant [J]. American Potato Journal, 47（5):184-185.

Berkley S F, Hightower A W, Beier R C, et al., 1986. Dermatitis in grocery workers associated with high natural concentrations of furanocoumarins in celery [J]. Annals of Internal Medicine, 105 (3):351.

Burstin J, de Vienne D, Dubreuil P, et al., 1994. Molecular markers and protein quantities as genetic descriptors in maize. I. Genetic diversity among 21 inbred lines [J]. Theoretical and Applied Genetics, 89 (7-8):943-950.

Cao J, J.-Z Z, Tang D, et al., 2002. Broccoli plants with pyramided *cry1Ac* and *cry1C* Bt genes control diamondback moths resistant to Cry1A and Cry1C proteins [J]. Theoretical & Applied Genetics, 105 (2-3):258-264.

Carrière Y, Fabrick J A, Tabashnik B E, 2016. Advances in Managing Pest Resistance to Bt Crops: Pyramids and Seed Mixtures [M]. Advances in Insect Control and Resistance Management. Springer International Publishing.

Claire Halpin, Abdellah Barakate, Barak M. Askari, et al., 2001. Enabling technologies for manipulating multiple genes on complex pathways [J]. Plant Molecular Biology, 47 (1-2):295-310.

Crop Life International, 2005. Regulation of plant biotechnology products containing two or more traits combined by conventional plant breeding. http: / /www. croplife. org/files/documents.

Datta K, Baisakh N, Thet K M, et al., 2002. Pyramiding transgenes for multiple resistance in rice against bacterial blight, yellow stem borer and sheath blight [J]. Tag.theoretical & Applied Genetics.theoretische Und Angewandte Genetik, 106 (1):1.

EFSA, 2004. Guidance document of the scientific panel on genetically modified organisms for the risk assessment of genetically modified plants and derived food and feed [J]. The EFSA Journal, 99:1-94.

EN Mills, JA Jenkins, MJ Alcocer, et al., 2004, Structural, biological, and evolutionary relationships of plant food allergens sensitizing via the gastrointestinal tract [J]. Critical Reviews in Food Science and Nutrition, 44 (5):379-407.

Erin Egelkrout, Vidya Rajan, John A. Howard, 2012. Overproduction of recombinant proteins in plants [J]. Plant Science, 184 (9):83-101.

Feschotte C, Jiang N, Wessler S R, 2002. Plant transposable elements: where genetics meets genomics [J]. Nature Reviews Genetics, 3 (5):329.

Flavell R B, 1994. Inactivation of Gene Expression in Plants as a Consequence of Specific Sequence Duplication [J]. Proceedings of the National Academy of Sciences of the United States of America, 91 (9):3490-3496.

Food and Agricultural Organization of the United Nations/World Health Organization. Joint FAO/WHO expert consultation on biotechnology and food safety. ftp: / /ftp. Fao. org/es/esn/food/biotechnology. pdf.

Frisvold G B, Reeves J M, Wesseler J, et al., 2010. Resistance management and sustainable use of agricultural biotechnology [C]. Icabr Conference, June 16-18, 2010, Ravello, Italy. International Consortium on Applied Bioeconomy Research (ICABR), 343-359.

Halpin C, 2005.Gene stacking in transgenic plants-the challenge for 21st century plant biotechnology [J]. Plant Biotech J, 3 : 141-155.

Han F, Lamb J C, Yu W, et al., 2007. Centromere function and nondisjunction are independent components of the maize B chromosome accumulation mechanism [J]. The Plant Cell, 19 (2):524-533.

Harrigan G G, Glenn K C, Ridley W P, et al., 2010. Assessing the natural variability in crop composition [J]. Regulatory Toxicology & Pharmacology, 58 (3): S13-S20.

Hinchee M A W, Connorward D V, Newell C A, et al., 1988. Production of Transgenic Soybean Plants Using Agrobacterium-Mediated DNA Transfer. Biotechnology, 6 (6):915-922.

Hird D L, Paul W, Hollyoak J S, et al., 2000. The restoration of fertility in male sterile tobacco demonstrates that transgene silencing can be mediated by T-DNA that has no DNA homology to the silenced transgene [J]. Transgenic Research, 9 (2):91-102.

James C., 2015. Global status of commercialized biotech/GM crops in 2014 [J]. China Biotech, 35 (1) : 1-14.

Kok E J, Pedersen J, Onori R, et al., 2014. Plants with stacked genetically modified events: to assess or not to assess? [J]. Trends in Biotechnology, 32 (2):70-73.

Kramer C, Brune P, Mcdonald J, et al., 2016. Evolution of risk assessment strategies for food and feed uses of stacked GM events [J]. Plant Biotechnology Journal, 14 (9):1899-1913.

Maheshri N, O'Shea E K, 2007. Living with noisy genes: how cells function reliably with inherent variability in gene expression [J]. Annu Rev Biophys Biomol Struct, 36 (36):413-434.

Nguyen H T, Jehle J A, 2007. Quantitative analysis of the seasonal and tissue-specific expression of Cry1Ab in transgenic maize Mon810 [J]. Journal of Plant Diseases & Protection, 114 (2):82-87.

Pilacinski W, Crawford A, Downey R, et al., 2011. Plants with genetically modified events combined by conventional breeding:an assessment of the need for additional regulatory data [J]. Food Chem Toxicol, 49 (1) :1-7.

Que Q, Huai-Yu Wang, Jorgensen R A, 2010. Distinct patterns of pigment suppression are produced by allelic sense and antisense chalcone synthase transgenes in petunia flowers [J]. Plant Journal, 13 (3):401-409.

Raser J M, O'Shea E K, 2005. Noise in gene expression: origins, consequences, and control [J]. Science, 309 (5743):2010-2013.

Robinson D E, Nurse R, Pitblado R, et al., 2009. Effect of herbicide-fungicide tank-mix combinations on weed control and tomato tolerance [J]. Acta Horticulturae, 823 (823):129-134.

Rosati C, Simoneau P, Treutter D, et al., 2003. Engineering of flower color in forsythia by expression of two independently-transformed dihydroflavonol 4-reductase and anthocyanidin synthase genes of flavonoid pathway [J]. Molecular Breeding, 12 (3):197-208.

Andrew P G, Deepali S M, Stephen R M, et al., 1999. Selectable marker-free transgenic plants without sexual crossing: transient expression of crerecombinase and use of a conditional lethal dominant gene [J]. Plant Molecular Biology, 40 (2):223-235.

Seligman P J, Mathias C G, O' Malley M A, et al., 1987. Phytophotodermatitis from celery among grocery store workers [J]. Archives of Dermatology, 123 (11):1478-82.

Singlapareek S L, Reddy M K, Sopory S K, 2003. Genetic engineering of the glyoxalase pathway in tobacco leads to enhanced salinity tolerance [J]. Proceedings of the National Academy of Sciences of the United States of America, 100 (25):14672-14677.

Steiner H Y, Halpin C, Jez J M, et al., 2013. Editor's choice: Evaluating the potential for adverse interactions within genetically engineered breeding stacks [J]. Plant Physiol, 161 (4) :15871594.

Toni Voelker, Anthony J Kinney, 2001. VARIATIONS IN THE BIOSYNTHESIS OF SEED-STORAGE LIPIDS [J]. Annu Rev Plant

Physiol Plant Mol Biol, 52 (52):335-361.

Wagner B, Hufnagl K, Radauer C, et al., 2004. Expression of the B subunit of the heat-labile enterotoxin of Escherichia coli in tobacco mosaic virus-infected Nicotiana benthamiana plants and its characterization as mucosal immunogen and adjuvant [J]. Journal of Immunological Methods, 287 (1):203-215.

Wang W, Zheng H, Fan C, et al., 2006. High Rate of Chimeric Gene Origination by Retroposition in Plant Genomes [J]. Plant Cell, 18 (8):1791.

Weber N, Halpin C, Hannah L C, et al., 2012. Editor's choice: Crop genome plasticity and its relevance to food and feed safety of genetically engineered breeding stacks [J]. Plant Physiology, 160 (4):1842-1853.

Wessler S R, 2006. Transposable elements and the evolution of eukaryotic genomes [J]. Proceedings of the National Academy of Sciences of the United States of America, 103 (47):17600-1.

World Health Organization. Application of the Principles of Substantial Equivalence to the Safety Evaluation of Foods or Food Components from Plants Derived by Modern Biotechnology. Geneva: World Health Organization 1995/FNU/FOS/95. 1.

De Schrijver A, Devos Y, Van den Bulcke M, et al., 2007. Risk assessment of GM stacked events obtained from crosses between GM events [J]. Trends in Food Science & Technology, 18 (2):101-109.

附录1

转基因植物安全评价指南

（农办科〔2017〕5号公布）

本指南适用于《农业转基因生物安全管理条例》规定的农业转基因植物，即利用基因工程技术改变基因组构成，用于农业生产或者农产品加工的植物及其产品。

一、总体要求

（一）分子特征

从基因水平、转录水平和翻译水平，考察外源插入序列的整合和表达情况。

1\. 表达载体相关资料

（1）载体构建的物理图谱

详细注明表达载体所有元件名称、位置和酶切位点。

（2）目的基因

详细描述目的基因的供体生物、结构（包括基因中的酶切位点）、功能和安全性。

供体生物：如Bt基因*cry1A*来源于苏云金芽孢杆菌XX菌株。

结构：完整的DNA序列和推导的氨基酸序列。

功能：生物学功能及性状，如抗鳞翅目昆虫。

安全性：从供体生物特性、安全使用历史、基因结构、功能及有关安全性试验数据等方面综合评价目的基因的安全性。

（3）其他主要元件

启动子：供体生物来源、大小、DNA序列（或文献）、功能、安全应用记录。

终止子：供体生物来源、大小、DNA序列（或文献）、功能、安全应用记录。

标记基因：供体生物来源、大小、DNA序列（或文献）、功能、安全应用记录。

报告基因：供体生物来源、大小、DNA序列（或文献）、功能、安全应用记录。

其他序列：来源（如人工合成或供体生物名称）、名称、大小、DNA序列（或文献）、功能、安全应用记录。

2. 目的基因在植物基因组中的整合情况

采用转化体特异性PCR、Southern杂交等方法，分析外源插入序列在植物基因组中的整合情况，包括目的基因和标记基因的拷贝数，标记基因、报告基因或其他调控序列删除情况，整合位点等。

外源插入序列的转化体特异性PCR检测：具有序列名称、引物序列、扩增产物长度、PCR条件、扩增产物电泳图谱（含图题、分子量标准、阴性对照、阳性对照、泳道标注）。

外源插入序列的Southern杂交：采用两种以上限制性内切酶分别消化植物基因组总DNA，获得能明确整合拷贝数的、具有转化体特异性的分子杂交图谱。文字描述至少包括探针序列位置、内切酶名称、特异性条带的大小、图题、分子量标准、阴性对照、阳性对照、泳道标注。

外源插入序列的全长DNA序列：实际插入受体植物基因组的全长DNA序列和插入位点的两端边界序列（大于300 bp）。提供转化体特异性PCR验证时相应引物名称、序列及其扩增产物长度。

3. 外源插入序列的表达情况

(1) 转录水平表达(RNA)

采用Real-time PCR，RT-PCR或Northern杂交等方法，分析主要插入序列(如目的基因、标记基因等)的转录表达情况，包括表达的主要组织和器官(如根、茎、叶、果实、种子等)。

RT-PCR检测：引物序列、扩增产物长度、RT-PCR条件、扩增产物电泳图谱(含图题、分子量标准、阴性对照、阳性对照、泳道标注)。

Northern杂交：探针序列位置、特异性条带的大小、Northern杂交条件、杂交图谱(含图题、分子量标准、阴性对照、阳性对照、泳道标注)。

(2) 翻译水平表达(蛋白质)

采用ELISA或Western杂交等方法，分析主要插入序列(如目的基因、标记基因等)的蛋白质表达情况，包括表达的主要组织和器官(如根、茎、叶、种子等)。

ELISA检测：描述定量检测的具体方法，包括相关抗体、阴性对照、阳性对照、光密度测定结果、标准曲线等。

Western免疫印记：相关抗体名称、特异性蛋白条带的大小、Western免疫印记条件、免疫印记图谱(含图题、分子量标准、阴性对照、阳性对照、泳道标注、样品和阳性对照的加样量)。

(二) 遗传稳定性

1. 目的基因整合的稳定性

用Southern或转化体特异性PCR手段检测目的基因在转化体中的整合情况，明确转化体中目的基因的拷贝数以及在后代中的分离情况，提供不少于3代的试验数据。

2. 目的基因表达的稳定性

用Northern，Real-time PCR，RT-PCR, Western等手段提供目的基因在转化体不同世代在转录（RNA）和（或）翻译（蛋白质）水平表达的稳定性（包括不同发育阶段和不同器官部位的表达情况），提供不少于3代的试验数据。

3. 目标性状表现的稳定性

用适宜的观察手段考察目标性状在转化体不同世代的表现情况，提供不少于3代的试验数据。

（三）环境安全

1. 生存竞争能力

提供与受体或亲本植物比较，转基因植物种子数量、重量、活力和休眠性，越冬越夏能力，抗病虫能力，生长势，生育期，落粒性，自生苗等试验数据和结论。

若受体植物为多年生（如饲草、制种用的草坪草）、无性繁殖或目标性状增强生存竞争力（如抗旱、耐盐等），应根据个案分析的原则提出有针对性的补充资料。

2. 基因漂移的环境影响

（1）受体物种的相关资料

如果存在可交配的野生近缘种，提供野生近缘种的地理分布范围、发生频率、生物学特性（生育期、生长习性、开花期、繁殖习性、种子及无性繁殖器官的传播途径等）以及与野生近缘种的亲缘关系（包括基因组类型、与栽培种的天然异交结实性、杂种F1的育性及其后代的生存能力和结实能力）的资料。

如果存在同一物种的可交配植物类型，需提供同一物种植物类型的分布及其危害情况的资料。

（2）外源基因漂移风险

对于存在可交配的野生近缘种或存在同一物种可交配的

植物类型，无相关数据和资料的，可设计试验评估外源基因漂移风险及可能造成的生态后果，如基因漂移频率、外源基因在野生近缘种中表达情况、目的基因是否改变野生近缘种的生态适合度等试验。

3. 功能效率评价

提供转基因植物的功能效率评价报告。如为有害生物抗性转基因植物，则需要提供对靶标生物的抗性效率试验数据。

抗性效率指抗有害生物转基因植物所产生的抗性物质对靶标生物综合作用的结果，一般通过转基因品种与受体品种在靶标生物数量变化、危害程度、植物长势及产量等方面的差别进行评价。抗病虫转基因植物需提供在室内和田间试验条件下，转基因植物对靶标生物的抗性生测报告、靶标生物在转基因品种及受体品种田季节性发生危害情况和种群动态的试验数据与结论。

4. 有害生物抗性转基因植物对非靶标生物的影响

根据转基因植物与外源基因表达蛋白特点和作用机制，有选择地提供对相关非靶标植食性生物、有益生物（如天敌昆虫、资源昆虫和传粉昆虫等）、受保护的物种等潜在影响的评估报告。

5. 对生态系统群落结构和有害生物地位演化的影响

根据转基因植物与外源基因表达蛋白的特异性和作用机理，有选择地提供对相关动物群落、植物群落和微生物群落结构和多样性的影响以及转基因植物生态系统下病虫害等有害生物地位演化的风险评估报告等。

6. 靶标生物的抗性风险

靶标生物的抗性是指靶标生物由于连续多代取食转基因植物，敏感个体被淘汰，抗性较强的个体存活、繁殖，逐渐发展成高抗性种群的现象。抗病虫转基因植物需提供对靶标生物的作用机制和特点等资料，转基因植物商业化种植前靶标生物的敏感性基线数据，抗性风险评估依据和结论，拟采取的抗性监测方案和治理措施等。

（四）食用安全

按照个案分析的原则，评价转基因植物与非转基因植物的相对安全性。

传统非转基因对照物选择：无性繁殖的转基因植物，以非转基因植物亲本为对照物；有性繁殖的转基因植物，以遗传背景与转基因植物有可比性的非转基因植物为对照物。对照物与转基因植物的种植环境（时间和地点）应具有可比性。

1. 新表达物质毒理学评价

（1）新表达蛋白质资料

提供新表达蛋白质（包括目的基因和标记基因所表达的蛋白质）的分子和生化特征等信息，包括分子量、氨基酸序列、翻译后的修饰、功能叙述等资料。表达的产物若为酶，应提供酶活性、酶活性影响因素（如pH、温度、离子强度）、底物特异性、反应产物等。

提供新表达蛋白质与已知毒蛋白质和抗营养因子（如蛋白酶抑制剂、植物凝集素等）氨基酸序列相似性比较的资料。

提供新表达蛋白质热稳定性试验资料，体外模拟胃液蛋白消化稳定性试验资料，必要时提供加工过程（热、加工方式）对其影响的资料。

若用体外表达的蛋白质作为安全性评价的试验材料，需提供体外表达蛋白质与植物中新表达蛋白质等同性分析（如分子量、蛋白测序、免疫原性、蛋白活性等）的资料。

（2）新表达蛋白质毒理学试验

当新表达蛋白质无安全食用历史，安全性资料不足时，必须提供经口急性毒性资料，28天喂养试验毒理学资料视该蛋白质在植物中的表达水平和人群可能摄入水平而定，必要时应进行免疫毒性检测评价。如果不提供新表达蛋白质的经口急性毒性和28天喂养试验资料，则应说明理由。

（3）新表达非蛋白质物质的评价

新表达的物质为非蛋白质，如脂肪、碳水化合物、核酸、维生素及其他成分等，其毒理学评价可能包括毒物代谢动力学、遗传毒性、亚慢性毒性、慢性毒性/致癌性、生殖发育毒性等方面。具体需进行哪些毒理学试验，采取个案分析的原则。

（4）摄入量估算

应提供外源基因表达物质在植物可食部位的表达量，根据典型人群的食物消费量，估算人群最大可能摄入水平，包括同类转基因植物总的摄入水平、摄入频率等信息。进行摄入量评估时需考虑加工过程对转基因表达物质含量的影响，并应提供表达蛋白质的测定方法。

2. **致敏性评价**

外源基因插入产生新蛋白质，或改变代谢途径产生新蛋白质的，应对该蛋白质的致敏性进行评价。

提供基因供体是否含有致敏原、插入基因是否编码致敏原、新蛋白质在植物食用和饲用部位表达量的资料。

提供新表达蛋白质与已知致敏原氨基酸序列的同源性分析比较资料。

提供新表达蛋白质热稳定性试验资料，体外模拟胃液蛋白消化稳定性试验资料。

对于供体含有致敏原的，或新蛋白质与已知致敏原具有序列同源性的，应提供与已知致敏原为抗体的血清学试验资料。

受体植物本身含有致敏原的，应提供致敏原成分含量分析的资料。

3. **关键成分分析**

提供受试物基本信息，包括名称、来源、所转基因和转基因性状、种植时间、地点和特异气候条件、储藏条件等资料。受试物应为转基因植物可食部位的初级农产品，如大豆、玉米、棉籽、水稻种子等。同一种植地点至少三批不同种植时间的样品或三个不同种植地点的样品。

提供同一物种对照物各关键成分的天然变异阈值及文献资料等。

（1）营养素。包括蛋白质、脂肪、碳水化合物、纤维素、矿物质、维生素等，必要时提供蛋白质中氨基酸和脂肪中饱和脂肪酸、单不饱和脂肪酸、多不饱和脂肪酸含量分析的资料。矿物质和维生素的测定应选择在该植物中具有显著营养意义或对人群营养素摄入水平贡献较大的矿物质和维生素进行测定。

（2）天然毒素及有害物质。植物中对健康可能有影响的天然存在的有害物质，根据不同植物进行不同的毒素分析，如棉籽中棉酚、油菜籽中硫代葡萄糖甙和芥酸等。

（3）抗营养因子。对营养素的吸收和利用有影响、对消化酶有抑制作用的一类物质。如大豆胰蛋白酶抑制剂、大豆凝集素、大豆寡糖等；玉米中植酸；油菜籽中单宁等。

（4）其他成分。如水分、灰分、植物中的其他固有成分。

（5）非预期成分。因转入外源基因可能产生的新成分。

4. **全食品安全性评价**

大鼠90天喂养试验资料。必要时提供大鼠慢性毒性试验和生殖毒性试验及其他动物喂养试验资料。

5. **营养学评价**

如果转基因植物在营养、生理作用等方面有改变的，应提供营养学评价资料。

（1）提供动物体内主要营养素的吸收利用资料。

（2）提供人群营养素摄入水平的资料以及最大可能摄入水平对人群膳食模式影响评估的资料。

6. **生产加工对安全性影响的评价**

应提供与非转基因对照物相比，生产加工、储存过程是否可改变转基因植物产品特性的资料，包括加工过程对转入DNA和蛋白质的降解、消除、变性等影响的资料，如油的提取和精炼、微生物发酵、转基因植物产品的加工、储藏等对植物中表达蛋白含量的影响。

7. **按个案分析的原则需要进行的其他安全性评价**

对关键成分有明显改变的转基因植物，需提供其改变对食用安全性和营养学评价资料。

对耐除草剂的转基因植物，需提供目标除草剂残留量的评价资料。

二、阶段要求

转基因植物安全评价应按照《农业转基因生物安全评价管理办法》的规定撰写申报书，并参照如下要求提供各阶段安全评价材料。以下规定是申请该阶段时所需材料的基本要求。

根据安全评价需要和转基因植物的特殊性，农业转基因生物技术检测机构的检测指标增减遵循个案分析的原则确定。

检测指标暂无农业转基因生物技术检测机构开展检测的，由农业部指定相关机构进行检测。

（一）申请实验研究

1.**外源基因**：包括目的基因、标记基因、报告基因以及启动子、终止子和其他调控序列。外源基因名称应当是按国际通行规则正式命名的名称或Genbank中的序列号，未正式命名或无Genbank序列号的应提供基因序列。

2.**转基因性状**：包括产量性状改良、品质性状改良、生理性状改良、杂种优势改良、抗逆、抗病、抗虫、耐除草剂、生物反应器、其他十种类型。

产量性状改良：指改良株高、株型、籽粒数量、籽粒大小、棉铃数量等。

品质性状改良：指改良淀粉成分、蛋白成分、微量元素含量、硫甙含量、芥酸含量、饱和脂肪酸含量、纤维品质、含油量等。

生理性状改良：指改良生育期、光合效率、营养物质利用率、种子储藏活力、根系活力等。

杂种优势改良：指雄性不育、育性恢复以及改良育性恢复能力等。

抗逆：指改良抗旱性、耐涝性、耐寒性、耐盐性等。

3.**实验转基因植物材料数量**：一份申报书中只能包含同一物种的受体生物和相同的转基因性状。

4.**实验年限**：一般为一至两年。

（二）申请中间试验

（1）提供外源插入序列的分子特征资料。

（2）提供每一个转化体的转基因植株自交或杂交代别，及相应代别目的基因和标记基因PCR检测或转化体特异性PCR检测的资料。

（3）按《转基因植物及其产品食用安全性评价导则》（NY/T 1101-2006）提供受体植物、基因供体生物的安全性评价资料。

（4）提供新表达蛋白质的分子和生化特征等信息，以及提供新表达蛋白质与已知毒蛋白质、抗营养因子和致敏原氨基酸序列相似性比较的资料。

（5）提供抗虫植物表达蛋白质和已商业化种植的转基因抗虫植物对靶标害虫作用机制的分析资料，评估交互抗性的风险。

（三）申请环境释放

（1）申请中间试验提供的相关资料，以及中间试验结果的总结报告。

（2）提供每个转基因株系中目的基因和标记基因整合进植物基因组的Southern杂交图和插入拷贝数，或提供每个转基因株系转化体特异性PCR检测图，并注明转基因株系的代别和编号。

（3）提供目的基因在转录水平或翻译水平表达的资料。

（4）提供转基因株系遗传稳定性的资料，包括目的基因和标记基因整合的稳定性、表达的稳定性和表型性状的稳定性。

（5）对于抗病虫转基因植物，提供目标蛋白的测定方法，植物不同发育阶段目标蛋白在各器官中的含量，以及对靶标生物的田间抗性效率。

（6）新蛋白质（包括目的基因和标记基因所表达的蛋白质）在植物食用和饲用部位表达含量的资料。

（7）提供靶标害虫对新抗虫植物和已商业化种植的抗虫植物交互抗性的研究资料。

（8）提供对可能影响的非靶标生物（至少1种非靶标植食性生物和2种有益生物）的室内生物测定资料。

（9）提供目标性状和功能效率的评价资料。如，抗虫植物应明确靶标生物种类并提供室内或田间生测报告。

（四）申请生产性试验

分为两种类型，一是转化体申请生产性试验，二是用取得农业转基因生物安全证书的转化体与常规品种杂交获得的衍生品系申请生产性试验。

1. 转化体申请生产性试验

（1）提供所申报转基因植物样品、对照样品及检测方法。样品要求：种子（单一纯合体的，纯度大于99%）；方法要求：提供外源插入序列信息及转化体特异性核酸检测方法等。

（2）申请环境释放提供的相关资料，以及环境释放结果的总结报告。

（3）提供转化体外源插入序列（如转化载体骨架、目的基因和标记基因等）整合进植物基因组的Southern杂交图和插入拷贝数以及转化体特异性PCR检测图，并注明供试材料的名称和代别。

（4）提供目的基因和标记基因翻译水平表达的资料，或目标基因（被RNAi等方法所干涉的基因）在转录水平或翻译水平表达的资料。

（5）提供该转化体至少2代的遗传稳定性资料，包括目的基因整合的稳定性、表达的稳定性和表现性状的稳定性。

（6）提供该转化体个体生存竞争能力的资料。

（7）提供该转基因植物基因漂移的资料。

（8）提供目标性状和功能效率的评价资料。如，抗虫植物应提供靶标生物在转基因植物及受体植物田季节性发生危害情况和种群动态的试验数据。

（9）提供靶标生物对抗病虫转基因植物的抗性风险评价资料。

（10）提供对非靶标生物、对生态系统群落结构和有害生物地位演化影响的评价资料。

（11）提供新表达蛋白质体外模拟胃液蛋白消化稳定性、热稳定性试验资料。

（12）必要时提供全食品毒理学评价资料。

（13）提供农业转基因生物技术检测机构出具的检测报

告，包括：①确认转化体身份的核酸检测；②抗病虫等转基因植物对特定非靶标生物的影响、转基因抗旱（逆）植物的生存竞争力等；③新表达产物在植物可食部分的表达量及新表达蛋白质体外模拟胃液蛋白消化稳定性等。

2. 用取得农业转基因生物安全证书的转化体与常规品种杂交获得的衍生品系申请生产性试验

（1）提供所申报转基因植物样品、对照样品及检测方法。样品要求：种子（单一纯合体的，纯度大于99%）；方法要求：提供外源插入序列信息及转化体特异性核酸检测方法等。

（2）已取得农业转基因生物安全证书的转化体综合评价报告及相关附件资料。

（3）提供亲本名称及其选育过程的资料。

（4）提供外源插入序列（如转化载体骨架、目的基因和标记基因等）整合进植物基因组的Southern杂交图和插入拷贝数，或提供转化体特异性PCR检测图，并注明供试材料的名称和代别。

（五）申请安全证书

分为农业转基因生物安全证书（生产应用）和农业转基因生物安全证书（进口用作加工原料）两种类型。其中，农业转基因生物安全证书（生产应用）包括转化体申请生产证书以及用取得农业转基因生物安全证书的转化体与常规品种杂交获得的衍生品系申请安全证书两种情况。

类型1：申请农业转基因生物安全证书（生产应用）

1. 转化体申请安全证书

（1）汇总以往各试验阶段的资料，提供环境安全和食用安全综合评价报告。

（2）提供外源插入序列整合进植物基因组的资料。包括能明确外源片段（如转化载体骨架、目的基因和标记基因等）整合拷贝数并具有转化体特异性的分子杂交图谱，整合进植物基因组的外源片段的全长DNA序列和插入位点两端的边界序列，以及转化体特异性PCR检测图等。

（3）提供该转化体至少3代的遗传稳定性资料，包括目的基因整合的遗传稳定性、表达的稳定性和表现性状的稳定性。

（4）提供该转化体个体生存竞争能力、自然延续或建立种群能力的资料。

（5）提供该转基因植物基因漂移的资料。

（6）提供至少2代对目标性状和功能效率的田间评价资料。

（7）提供对至少6种非靶标生物影响的评价资料。

（8）提供至少2代对生物多样性影响的评价资料，以及对生态系统群落结构和有害生物地位演化影响的风险评估报告。

（9）提供靶标生物对转基因植物所产生抗病/虫物质的敏感性基线资料，抗性风险评估的依据和结论；拟采取的靶标生物综合治理策略、抗性监测方案和治理措施等。

（10）提供完整的毒性、致敏性、营养成分、抗营养因子、耐除草剂作物目标除草剂的残留量等食用安全资料。

（11）提供农业转基因生物技术检测机构出具的检测报告，包括：①转化体的分子特征；②目标性状功能效率评价、对非靶标生物的影响；③新表达蛋白质与已知毒蛋白质、抗营养因子和致敏原氨基酸序列相似性比较；④急性毒性试验、营养成分分析、大鼠90天喂养等。

（12）如为续申请，则需要提供上次批准期限内的商业化种植数据和环境影响监测报告。

2. 取得农业转基因生物安全证书的转化体与常规品种杂交获得的衍生品系申请安全证书

（1）申请生产性试验提供的相关资料以及生产性试验的

总结报告。

（2）提供亲本名称及其选育过程的资料。

（3）提供外源插入序列整合进植物基因组的资料。包括能明确外源片段（如转化载体骨架、目的基因和标记基因等）整合拷贝数并具有转化体特异性的分子杂交图谱，整合进植物基因组的外源片段的全长DNA序列和插入位点两端的边界序列或转化体特异性PCR检测图等。

（4）提供目的基因和标记基因翻译水平表达的资料，或目标基因（被RNAi等方法所干涉的基因）在转录水平或翻译水平表达的资料。

（5）提供遗传稳定性的资料，包括目的基因整合的稳定性、表达的稳定性和表现性状的稳定性。

（6）提供目标性状和功能效率的评价资料。如，抗虫植物应提供靶标生物在转基因植物及受体植物田季节性发生危害情况和种群动态的试验数据。

（7）如为续申请，则需要提供上次批准期限内的商业化种植数据和环境影响监测报告。

类型2：申请农业转基因生物安全证书（进口用作加工原料）

（1）提供所申报转基因植物样品、对照样品及检测方法。样品要求：种子（单一纯合体的，纯度大于99%）；方法要求：提供外源插入序列信息及转化体特异性核酸检测方法等。

（2）提供环境安全和食用安全综合评价报告。

（3）农业转基因生物技术检测机构出具的环境安全和食用安全检测报告，环境安全检测报告一般包括确认转化体身份的核酸检测、生存竞争能力、基因漂移的环境影响、对非靶标生物和生物多样性影响的评价资料等；食用安全检测报告一般包括确认转化体身份的核酸检测、抗营养因子分析、全食品安全性评价（大鼠90天喂养试验）等。对于新性状、新类型的转基因植物的检测内容根据个案原则确定。

（4）提供外源插入序列整合进植物基因组的资料。包括能明确外源片段（如转化载体骨架、目的基因和标记基因等）整合拷贝数并具有转化体特异性的分子杂交图谱，整合进植物基因组的外源片段的全长DNA序列和插入位点两端的边界序列，以及转化体特异性PCR检测图等。

（5）提供完整的毒性、致敏性、营养成分、抗营养因子、耐除草剂作物目标除草剂的残留量等食用安全资料。

（6）输出国家或者地区经过科学试验证明对人类、动植物、微生物和生态环境无害的资料。

附录2

农业转基因生物安全评价管理办法

（2002年1月5日农业部令第8号公布，2004年7月1日农业部令第38号、2016年7月25日农业部令2016年第7号修订、2017年11月30日农业部令2017年第8号修订）

第一章　总　　则

第一条　为了加强农业转基因生物安全评价管理，保障人类健康和动植物、微生物安全，保护生态环境，根据《农业转基因生物安全管理条例》（简称《条例》），制定本办法。

第二条　在中华人民共和国境内从事农业转基因生物的研究、试验、生产、加工、经营和进口、出口活动，依照《条例》规定需要进行安全评价的，应当遵守本办法。

第三条　本办法适用于《条例》规定的农业转基因生物，即利用基因工程技术改变基因组构成，用于农业生产或者农产品加工的植物、动物、微生物及其产品，主要包括：

（一）转基因动植物（含种子、种畜禽、水产苗种）和微生物；

（二）转基因动植物、微生物产品；

（三）转基因农产品的直接加工品；

（四）含有转基因动植物、微生物或者其产品成分的种子、种畜禽、水产苗种、农药、兽药、肥料和添加剂等产品。

第四条　本办法评价的是农业转基因生物对人类、动植物、微生物和生态环境构成的危险或者潜在的风险。安全评价工作按照植物、动物、微生物三个类别，以科学为依据，以个案审查为原则，实行分级分阶段管理。

第五条 根据《条例》第九条的规定设立国家农业转基因生物安全委员会，负责农业转基因生物的安全评价工作。国家农业转基因生物安全委员会由从事农业转基因生物研究、生产、加工、检验检疫、卫生、环境保护等方面的专家组成，每届任期五年。

农业部设立农业转基因生物安全管理办公室，负责农业转基因生物安全评价管理工作。

第六条 从事农业转基因生物研究与试验的单位是农业转基因生物安全管理的第一责任人，应当成立由单位法定代表人负责的农业转基因生物安全小组，负责本单位农业转基因生物的安全管理及安全评价申报的审查工作。

从事农业转基因生物研究与试验的单位，应当制定农业转基因生物试验操作规程，加强农业转基因生物试验的可追溯管理。

第七条 农业部根据农业转基因生物安全评价工作的需要，委托具备检测条件和能力的技术检测机构对农业转基因生物进行检测，为安全评价和管理提供依据。

第八条 转基因植物种子、种畜禽、水产种苗，利用农业转基因生物生产的或者含有农业转基因生物成分的种子、种畜禽、水产种苗、农药、兽药、肥料和添加剂等，在依照有关法律、行政法规的规定进行审定、登记或者评价、审批前，应当依照本办法的规定取得农业转基因生物安全证书。

第二章 安全等级和安全评价

第九条 农业转基因生物安全实行分级评价管理。

按照对人类、动植物、微生物和生态环境的危险程度，将农业转基因生物分为以下四个等级：

安全等级Ⅰ：尚不存在危险；

安全等级Ⅱ：具有低度危险；

安全等级Ⅲ：具有中度危险；

安全等级Ⅳ：具有高度危险。

第十条 农业转基因生物安全评价和安全等级的确定按以下步骤进行：

（一）确定受体生物的安全等级；

（二）确定基因操作对受体生物安全等级影响的类型；

（三）确定转基因生物的安全等级；

（四）确定生产、加工活动对转基因生物安全性的影响；

（五）确定转基因产品的安全等级。

第十一条 受体生物安全等级的确定

受体生物分为四个安全等级：

（一）符合下列条件之一的受体生物应当确定为安全等级Ⅰ：

1.对人类健康和生态环境未曾发生过不利影响；

2.演化成有害生物的可能性极小；

3.用于特殊研究的短存活期受体生物，实验结束后在自然环境中存活的可能性极小。

（二）对人类健康和生态环境可能产生低度危险，但是通过采取安全控制措施完全可以避免其危险的受体生物，应当确定为安全等级Ⅱ。

（三）对人类健康和生态环境可能产生中度危险，但是通过采取安全控制措施，基本上可以避免其危险的受体生物，应当确定为安全等级Ⅲ。

（四）对人类健康和生态环境可能产生高度危险，而且在封闭设施之外尚无适当的安全控制措施避免其发生危险的受体生物，应当确定为安全等级Ⅳ。包括：

1. 可能与其他生物发生高频率遗传物质交换的有害生物；

2. 尚无有效技术防止其本身或其产物逃逸、扩散的有害生物；

3. 尚无有效技术保证其逃逸后，在对人类健康和生态环境产生不利影响之前，将其捕获或消灭的有害生物。

第十二条 基因操作对受体生物安全等级影响类型的确定。

基因操作对受体生物安全等级的影响分为三种类型，即：增加受体生物的安全性；不影响受体生物的安全性；降低受体生物的安全性。

类型1 增加受体生物安全性的基因操作

包括：去除某个（些）已知具有危险的基因或抑制某个（些）已知具有危险的基因表达的基因操作。

类型2 不影响受体生物安全性的基因操作

包括：

1. 改变受体生物的表型或基因型而对人类健康和生态环境没有影响的基因操作；

2. 改变受体生物的表型或基因型而对人类健康和生态环境没有不利影响的基因操作。

类型3 降低受体生物安全性的基因操作

包括：

1. 改变受体生物的表型或基因型，并可能对人类健康或生态环境产生不利影响的基因操作；

2. 改变受体生物的表型或基因型，但不能确定对人类健康或生态环境影响的基因操作。

第十三条 农业转基因生物安全等级的确定

根据受体生物的安全等级和基因操作对其安全等级的影

响类型及影响程度，确定转基因生物的安全等级。

（一）受体生物安全等级为Ⅰ的转基因生物。

1. 安全等级为Ⅰ的受体生物，经类型1或类型2的基因操作而得到的转基因生物，其安全等级仍为Ⅰ。

2. 安全等级为Ⅰ的受体生物，经类型3的基因操作而得到的转基因生物，如果安全性降低很小，且不需要采取任何安全控制措施的，则其安全等级仍为Ⅰ；如果安全性有一定程度的降低，但是可以通过适当的安全控制措施完全避免其潜在危险的，则其安全等级为Ⅱ；如果安全性严重降低，但是可以通过严格的安全控制措施避免其潜在危险的，则其安全等级为Ⅲ；如果安全性严重降低，而且无法通过安全控制措施完全避免其危险的，则其安全等级为Ⅳ。

（二）受体生物安全等级为Ⅱ的转基因生物。

1. 安全等级为Ⅱ的受体生物，经类型1的基因操作而得到的转基因生物，如果安全性增加到对人类健康和生态环境不再产生不利影响的，则其安全等级为Ⅰ；如果安全性虽有增加，但对人类健康和生态环境仍有低度危险的，则其安全等级仍为Ⅱ。

2. 安全等级为Ⅱ的受体生物，经类型2的基因操作而得到的转基因生物，其安全等级仍为Ⅱ。

3. 安全等级为Ⅱ的受体生物，经类型3的基因操作而得到的转基因生物，根据安全性降低的程度不同，其安全等级可为Ⅱ、Ⅲ或Ⅳ，分级标准与受体生物的分级标准相同。

（三）受体生物安全等级为Ⅲ的转基因生物。

1. 安全等级为Ⅲ的受体生物，经类型1的基因操作而得到的转基因生物，根据安全性增加的程度不同，其安全等级可为Ⅰ、Ⅱ或Ⅲ，分级标准与受体生物的分级标准相同。

2. 安全等级为Ⅲ的受体生物，经类型2的基因操作而得到的转基因生物，其安全等级仍为Ⅲ。

3. 安全等级为Ⅲ的受体生物，经类型3的基因操作得到的转基因生物，根据安全性降低的程度不同，其安全等级可为Ⅲ或Ⅳ，分级标准与受体生物的分级标准相同。

（四）受体生物安全等级为Ⅳ的转基因生物。

1. 安全等级为Ⅳ的受体生物，经类型1的基因操作而得到的转基因生物，根据安全性增加的程度不同，其安全等级可为Ⅰ、Ⅱ、Ⅲ或Ⅳ，分级标准与受体生物的分级标准相同。

2. 安全等级为Ⅳ的受体生物，经类型2或类型3的基因操作而得到的转基因生物，其安全等级仍为Ⅳ。

第十四条 农业转基因产品安全等级的确定。

根据农业转基因生物的安全等级和产品的生产、加工活动对其安全等级的影响类型和影响程度，确定转基因产品的安全等级。

（一）农业转基因产品的生产、加工活动对转基因生物安全等级的影响分为三种类型：

类型1增加转基因生物的安全性；

类型2不影响转基因生物的安全性；

类型3降低转基因生物的安全性。

（二）转基因生物安全等级为Ⅰ的转基因产品。

1. 安全等级为Ⅰ的转基因生物，经类型1或类型2的生产、加工活动而形成的转基因产品，其安全等级仍为Ⅰ。

2. 安全等级为Ⅰ的转基因生物，经类型3的生产、加工活动而形成的转基因产品，根据安全性降低的程度不同，其安全等级可为Ⅰ、Ⅱ、Ⅲ或Ⅳ，分级标准与受体生物的分级标准相同。

（三）转基因生物安全等级为Ⅱ的转基因产品。

1. 安全等级为Ⅱ的转基因生物，经类型1的生产、加工活动而形成的转基因产品，如果安全性增加到对人类健康和生态环境不再产生不利影响的，其安全等级为Ⅰ；如果安全性虽然有增加，但是对人类健康或生态环境仍有低度危险的，其安全等级仍为Ⅱ。

2. 安全等级为Ⅱ的转基因生物，经类型2的生产、加工活动而形成的转基因产品，其安全等级仍为Ⅱ。

3. 安全等级为Ⅱ的转基因生物，经类型3的生产、加工活动而形成的转基因产品，根据安全性降低的程度不同，其安全等级可为Ⅱ、Ⅲ或Ⅳ，分级标准与受体生物的分级标准相同。

（四）转基因生物安全等级为Ⅲ的转基因产品。

1. 安全等级为Ⅲ的转基因生物，经类型1的生产、加工活动而形成的转基因产品，根据安全性增加的程度不同，其安全等级可为Ⅰ、Ⅱ或Ⅲ，分级标准与受体生物的分级标准相同。

2. 安全等级为Ⅲ的转基因生物，经类型2的生产、加工活动而形成的转基因产品，其安全等级仍为Ⅲ。

3. 安全等级为Ⅲ的转基因生物，经类型3的生产、加工活动而形成转基因产品，根据安全性降低的程度不同，其安全等级可为Ⅲ或Ⅳ，分级标准与受体生物的分级标准相同。

（五）转基因生物安全等级为Ⅳ的转基因产品。

1. 安全等级为Ⅳ的转基因生物，经类型1的生产、加工活动而得到的转基因产品，根据安全性增加的程度不同，其安全等级可为Ⅰ、Ⅱ、Ⅲ或Ⅳ，分级标准与受体生物的分级标准相同。

2. 安全等级为Ⅳ的转基因生物，经类型2或类型3的生产、加工活动而得到的转基因产品，其安全等级仍为Ⅳ。

第三章　申报和审批

第十五条　凡在中华人民共和国境内从事农业转基因生物安全等级为Ⅲ和Ⅳ的研究以及所有安全等级的试验和进口的单位以及生产和加工的单位和个人，应当根据农业转基因生物的类别和安全等级，分阶段向农业转基因生物安全管理办公室报告或者提出申请。

第十六条 农业部依法受理农业转基因生物安全评价申请。申请被受理的，应当交由国家农业转基因生物安全委员会进行安全评价。国家农业转基因生物安全委员会每年至少开展两次农业转基因生物安全评审。农业部收到安全评价结果后按照《中华人民共和国行政许可法》和《条例》的规定作出批复。

第十七条 从事农业转基因生物试验和进口的单位以及从事农业转基因生物生产和加工的单位和个人，在向农业转基因生物安全管理办公室提出安全评价报告或申请前应当完成下列手续：

（一）报告或申请单位和报告或申请人对所从事的转基因生物工作进行安全性评价，并填写报告书或申报书；

（二）组织本单位转基因生物安全小组对申报材料进行技术审查；

（三）提供有关技术资料。

第十八条 在中华人民共和国从事农业转基因生物实验研究与试验的，应当具备下列条件：

（一）在中华人民共和国境内有专门的机构；

（二）有从事农业转基因生物实验研究与试验的专职技术人员；

（三）具备与实验研究和试验相适应的仪器设备和设施条件；

（四）成立农业转基因生物安全管理小组。

第十九条 报告农业转基因生物实验研究和中间试验以及申请环境释放、生产性试验和安全证书的单位应当按照农业部制定的农业转基因植物、动物和微生物安全评价各阶段的报告或申报要求、安全评价的标准和技术规范，办理报告或申请手续（见附录Ⅰ、Ⅱ、Ⅲ、Ⅳ）。

第二十条 从事安全等级为Ⅰ和Ⅱ的农业转基因生物实

验研究，由本单位农业转基因生物安全小组批准；从事安全等级为Ⅲ和Ⅳ的农业转基因生物实验研究，应当在研究开始前向农业转基因生物安全管理办公室报告。

研究单位向农业转基因生物安全管理办公室报告时应当提供以下材料：

（一）实验研究报告书；

（二）农业转基因生物的安全等级和确定安全等级的依据；

（三）相应的实验室安全设施、安全管理和防范措施。

第二十一条 在农业转基因生物（安全等级Ⅰ、Ⅱ、Ⅲ、Ⅳ）实验研究结束后拟转入中间试验的，试验单位应当向农业转基因生物安全管理办公室报告。

试验单位向农业转基因生物安全管理办公室报告时应当提供下列材料：

（一）中间试验报告书；

（二）实验研究总结报告；

（三）农业转基因生物的安全等级和确定安全等级的依据；

（四）相应的安全研究内容、安全管理和防范措施。

第二十二条 在农业转基因生物中间试验结束后拟转入环境释放的，或者在环境释放结束后拟转入生产性试验的，试验单位应当向农业转基因生物安全管理办公室提出申请，经国家农业转基因生物安全委员会安全评价合格并由农业部批准后，方可根据农业转基因生物安全审批书的要求进行相应的试验。

试验单位提出前款申请时，应当按照相关安全评价指南的要求提供下列材料：

（一）安全评价申报书；

（二）农业转基因生物的安全等级和确定安全等级的依据；

（三）有检测条件和能力的技术检测机构出具的检测报告；

（四）相应的安全研究内容、安全管理和防范措施；

（五）上一试验阶段的试验总结报告；

申请生产性试验的，还应当按要求提交农业转基因生物样品、对照样品及检测方法。

第二十三条 在农业转基因生物安全审批书有效期内，试验单位需要改变试验地点的，应当向农业转基因生物安全管理办公室报告。

第二十四条 在农业转基因生物试验结束后拟申请安全证书的，试验单位应当向农业转基因生物安全管理办公室提出申请。

试验单位提出前款申请时，应当按照相关安全评价指南的要求提供下列材料：

（一）安全评价申报书；

（二）农业转基因生物的安全等级和确定安全等级的依据；

（三）中间试验、环境释放和生产性试验阶段的试验总结报告；

（四）按要求提交农业转基因生物样品、对照样品及检测所需的试验材料、检测方法，但按照本办法第二十二条规定已经提交的除外；

（五）其他有关材料。

农业部收到申请后，应当组织农业转基因生物安全委员会进行安全评价，并委托具备检测条件和能力的技术检测机构进行检测；安全评价合格的，经农业部批准后，方可颁发农业转基因生物安全证书。

第二十五条 农业转基因生物安全证书应当明确转基因生物名称（编号）、规模、范围、时限及有关责任人、安全控制措施等内容。

从事农业转基因生物生产和加工的单位和个人以及进口的单位，应当按照农业转基因生物安全证书的要求开展工作并履行安全证书规定的相关义务。

第二十六条　从中华人民共和国境外引进农业转基因生物，或者向中华人民共和国出口农业转基因生物的，应当按照《农业转基因生物进口安全管理办法》的规定提供相应的安全评价材料，并在申请安全证书时按要求提交农业转基因生物样品、对照样品及检测方法。

第二十七条　农业转基因生物安全评价受理审批机构的工作人员和参与审查的专家，应当为申报者保守技术秘密和商业秘密，与本人及其近亲属有利害关系的应当回避。

第四章　技术检测管理

第二十八条　农业部根据农业转基因生物安全评价及其管理工作的需要，委托具备检测条件和能力的技术检测机构进行检测。

第二十九条　技术检测机构应当具备下列基本条件：

（一）具有公正性和权威性，设有相对独立的机构和专职人员；

（二）具备与检测任务相适应的、符合国家标准（或行业标准）的仪器设备和检测手段；

（三）严格执行检测技术规范，出具的检测数据准确可靠；

（四）有相应的安全控制措施。

第三十条　技术检测机构的职责任务：

（一）为农业转基因生物安全管理和评价提供技术服务；

（二）承担农业部或申请人委托的农业转基因生物定性定量检验、鉴定和复查任务；

（三）出具检测报告，做出科学判断；

（四）研究检测技术与方法，承担或参与评价标准和技术法规的制修订工作；

（五）检测结束后，对用于检测的样品应当安全销毁，不得保留；

（六）为委托人和申请人保守技术秘密和商业秘密。

第五章　监督管理与安全监控

第三十一条　农业部负责农业转基因生物安全的监督管理，指导不同生态类型区域的农业转基因生物安全监控和监测工作，建立全国农业转基因生物安全监管和监测体系。

第三十二条　县级以上地方各级人民政府农业行政主管部门按照《条例》第三十八条和第三十九条的规定负责本行政区域内的农业转基因生物安全的监督管理工作。

第三十三条　有关单位和个人应当按照《条例》第四十条的规定，配合农业行政主管部门做好监督检查工作。

第三十四条　从事农业转基因生物试验、生产的单位，应当接受农业行政主管部门的监督检查，并在每年3月31日前,向试验、生产所在地省级和县级人民政府农业行政主管部门提交上一年度试验、生产总结报告。

第三十五条　从事农业转基因生物试验和生产的单位，应当根据本办法的规定确定安全控制措施和预防事故的紧急措施，做好安全监督记录，以备核查。

安全控制措施包括物理控制、化学控制、生物控制、环境控制和规模控制等（见附录Ⅳ）。

第三十六条　安全等级Ⅱ、Ⅲ、Ⅳ的转基因生物，在废弃物处理和排放之前应当采取可靠措施将其销毁、灭活，以防止扩散和污染环境。发现转基因生物扩散、残留或者造成危害的，必须立即采取有效措施加以控制、消除，并向当地农业行政主管部门报告。

第三十七条　农业转基因生物在贮存、转移、运输和销毁、灭活时，应当采取相应的安全管理和防范措施，具备特定的设备或场所，指定专人管理并记录。

第三十八条 发现农业转基因生物对人类、动植物和生态环境存在危险时，农业部有权宣布禁止生产、加工、经营和进口，收回农业转基因生物安全证书，由货主销毁有关存在危险的农业转基因生物。

第六章 罚 则

第三十九条 违反本办法规定，从事安全等级Ⅲ、Ⅳ的农业转基因生物实验研究或者从事农业转基因生物中间试验，未向农业部报告的，按照《条例》第四十二条的规定处理。

第四十条 违反本办法规定，未经批准擅自从事环境释放、生产性试验的，或已获批准但未按照规定采取安全管理防范措施的，或者超过批准范围和期限进行试验的，按照《条例》第四十三条的规定处罚。

第四十一条 违反本办法规定，在生产性试验结束后，未取得农业转基因生物安全证书，擅自将农业转基因生物投入生产和应用的，按照《条例》第四十四条的规定处罚。

第四十二条 假冒、伪造、转让或者买卖农业转基因生物安全证书、审批书以及其他批准文件的，按照《条例》第五十一条的规定处罚。

第四十三条 违反本办法规定核发农业转基因生物安全审批书、安全证书以及其他批准文件的，或者核发后不履行监督管理职责的，按照《条例》第五十三条的规定处罚。

第七章 附 则

第四十四条 本办法所用术语及含义如下：

一、基因，系控制生物性状的遗传物质的功能和结构单位，主要指具有遗传信息的DNA片段。

二、基因工程技术，包括利用载体系统的重组DNA技术以及利用物理、化学和生物学等方法把重组DNA分子导入有机体的技术。

三、基因组，系指特定生物的染色体和染色体外所有遗传物质的总和。

四、DNA，系脱氧核糖核酸的英文名词缩写，是贮存生物遗传信息的遗传物质。

五、农业转基因生物，系指利用基因工程技术改变基因组构成，用于农业生产或者农产品加工的动植物、微生物及其产品。

六、目的基因，系指以修饰受体细胞遗传组成并表达其遗传效应为目的的基因。

七、受体生物，系指被导入重组DNA分子的生物。

八、种子，系指农作物和林木的种植材料或者繁殖材料，包括籽粒、果实和根、茎、苗、芽、叶等。

九、实验研究，系指在实验室控制系统内进行的基因操作和转基因生物研究工作。

十、中间试验，系指在控制系统内或者控制条件下进行的小规模试验。

十一、环境释放，系指在自然条件下采取相应安全措施所进行的中规模的试验。

十二、生产性试验，系指在生产和应用前进行的较大规模的试验。

十三、控制系统，系指通过物理控制、化学控制和生物控制建立的封闭或半封闭操作体系。

十四、物理控制措施，系指利用物理方法限制转基因生物及其产物在实验区外的生存及扩散，如设置栅栏，防止转基因生物及其产物从实验区逃逸或被人或动物携带至实验区外等。

十五、化学控制措施，系指利用化学方法限制转基因生物及其产物的生存、扩散或残留，如生物材料、工具和设施的消毒。

十六、生物控制措施，系指利用生物措施限制转基因生物及其产物的生存、扩散或残留，以及限制遗传物质由转基因生物向其他生物的转移，如设置有效的隔离区及监控区、清除试验区附近可与转基因生物杂交的物种、阻止转基因生物开花或去除繁殖器官、或采用花期不遇等措施，以防止目的基因向相关生物的转移。

十七、环境控制措施，系指利用环境条件限制转基因生物及其产物的生存、繁殖、扩散或残留，如控制温度、水分、光周期等。

十八、规模控制措施，系指尽可能地减少用于试验的转基因生物及其产物的数量或减小试验区的面积，以降低转基因生物及其产物广泛扩散的可能性，在出现预想不到的后果时，能比较彻底地将转基因生物及其产物消除。

第四十五条　本办法由农业部负责解释。

第四十六条　本办法自2002年3月20日起施行。1996年7月10日农业部发布的第7号令《农业生物基因工程安全管理实施办法》同时废止。

附录 I

农业转基因生物安全评价管理办法

转基因植物安全评价

一、转基因植物安全性评价

1. 受体植物的安全性评价

1.1 受体植物的背景资料：

1.1.1 学名、俗名和其他名称；

1.1.2 分类学地位；

1.1.3 试验用受体植物品种（或品系）名称；

1.1.4 是野生种还是栽培种；

1.1.5 原产地及引进时间；

1.1.6 用途；

1.1.7 在国内的应用情况；

1.1.8 对人类健康和生态环境是否发生过不利影响；

1.1.9 从历史上看，受体植物演变成有害植物（如杂草等）的可能性；

1.1.10 是否有长期安全应用的记录。

1.2 受体植物的生物学特性：

1.2.1 是一年生还是多年生；

1.2.2 对人及其他生物是否有毒，如有毒，应说明毒性存在的部位及其毒性的性质；

1.2.3 是否有致敏原，如有，应说明致敏原存在的部位及其致敏的特性；

1.2.4 繁殖方式是有性繁殖还是无性繁殖，如为有性繁殖，是自花授粉还是异花授粉或常异花授粉；是虫媒传粉还是风媒传粉；

1.2.5 在自然条件下与同种或近缘种的异交率；

1.2.6 育性（可育还是不育，育性高低，如果不育，应说明属何种不育类型）；

1.2.7 全生育期；

1.2.8 在自然界中生存繁殖的能力，包括越冬性、越夏性及抗逆性等。

1.3 受体植物的生态环境：

1.3.1 在国内的地理分布和自然生境；

1.3.2 生长发育所要求的生态环境条件，包括自然条件和栽培条件的改变对其地理分布区域和范围影响的可能性；

1.3.3 是否为生态环境中的组成部分；

1.3.4 与生态系统中其他植物的生态关系，包括生态环境的改变对这种（些）关系的影响以及是否会因此而产生或增加对人类健康和生态环境的不利影响；

1.3.5 与生态系统中其他生物（动物和微生物）的生态关系，包括生态环境的改变对这种（些）关系的影响以及是否会因此而产生或增加对人类健康或生态环境的不利影响；

1.3.6 对生态环境的影响及其潜在危险程度；

1.3.7 涉及国内非通常种植的植物物种时，应描述该植物的自然生境和有关其天然捕食者、寄生物、竞争物和共生物的资料。

1.4 受体植物的遗传变异：

1.4.1 遗传稳定性；

1.4.2 是否有发生遗传变异而对人类健康或生态环境产生不利影响的资料；

1.4.3 在自然条件下与其他植物种属进行遗传物质交换的可能性；

1.4.4 在自然条件下与其他生物（例如微生物）进行遗传物质交换的可能性。

1.5 受体植物的监测方法和监控的可能性。

1.6 受体植物的其他资料。

1.7 根据上述评价，参照本办法第十一条有关标准划分受体植物的安全等级。

2. **基因操作的安全性评价**

2.1 转基因植物中引入或修饰性状和特性的叙述。

2.2 实际插入或删除序列的以下资料：

2.2.1 插入序列的大小和结构，确定其特性的分析方法；

2.2.2 删除区域的大小和功能；

2.2.3 目的基因的核苷酸序列和推导的氨基酸序列；

2.2.4 插入序列在植物细胞中的定位（是否整合到染色体、叶绿体、线粒体，或以非整合形式存在）及其确定方法；

2.2.5 插入序列的拷贝数。

2.3 目的基因与载体构建的图谱，载体的名称、来源、结构、特性和安全性，包括载体是否有致病性以及是否可能演变为有致病性。

2.4 载体中插入区域各片段的资料：

2.4.1 启动子和终止子的大小、功能及其供体生物的名称；

2.4.2 标记基因和报告基因的大小、功能及其供体生物的名称；

2.4.3 其他表达调控序列的名称及其来源（如人工

合成或供体生物名称)。

2.5 转基因方法。

2.6 插入序列表达的资料：

2.6.1 插入序列表达的器官和组织，如根、茎、叶、花、果、种子等；

2.6.2 插入序列的表达量及其分析方法；

2.6.3 插入序列表达的稳定性。

2.7 根据上述评价，参照本办法第十二条有关标准划分基因操作 的安全类型。

3. 转基因植物的安全性评价

3.1 转基因植物的遗传稳定性。

3.2 转基因植物与受体或亲本植物在环境安全性方面的差异；

3.2.1 生殖方式和生殖率；

3.2.2 传播方式和传播能力；

3.2.3 休眠期；

3.2.4 适应性；

3.2.5 生存竞争能力；

3.2.6 转基因植物的遗传物质向其他植物、动物和微生物发生转移的可能性；

3.2.7 转变成杂草的可能性；

3.2.8 抗病虫转基因植物对靶标生物及非靶标生物的影响，包括对环境中有益和有害生物的影响；

3.2.9 对生态环境的其他有益或有害作用。

3.3 转基因植物与受体或亲本植物在对人类健康影响方面的差异：

3.3.1 毒性；

3.3.2 过敏性；

3.3.3 抗营养因子；

3.3.4 营养成分；

3.3.5 抗生素抗性；

3.3.6 对人体和食品安全性的其他影响。

3.4 根据上述评价，参照本办法第十三条有关标准划分转基因植物的安全等级。

4. 转基因植物产品的安全性评价

4.1 生产、加工活动对转基因植物安全性的影响。

4.2 转基因植物产品的稳定性。

4.3 转基因植物产品与转基因植物在环境安全性方面的差异。

4.4 转基因植物产品与转基因植物在对人类健康影响方面的差异。

4.5 参照本办法第十四条有关标准划分转基因植物产品的安全等级。

二、转基因植物试验方案

1. 试验地点

1.1 提供试验地点的地形和气象资料，对试验地点的环境作一般性描述，标明试验的具体地点。

1.2 试验地周围属自然生态类型还是农业生态类型。若为自然生态类型，则说明距农业生态类型地区的远近；若为农业生态类型，列举该作物常见病虫害的名称及发生为害、流行情况。

1.3 列举试验地周围的相关栽培种和野生种的名称及常见杂草的名称并简述其为害情况。

1.4 列举试验地周围主要动物的种类，是否有珍稀、濒危和保护物种。

1.5 试验地点的生态环境对该转基因植物存活、繁殖、扩散和传播的有利或不利因素，特别是环境中其他生物从转基因植物获得目的基因的可能性。

2. 试验设计

2.1 田间试验的起止时间。

2.2 试验地点的面积（不包括隔离材料的面积）。

2.3 转基因植物的种植资料：

2.3.1 转基因植物品种、品系、材料名称（编号）；

2.3.2 转基因植物各品种、品系或材料在各试验地点的种植面积；

2.3.3 转基因植物的用量；

2.3.4 转基因植物如何包装及运至试验地；

2.3.5 转基因植物是机械种植还是人工种植。

2.4 转基因植物全生育期中拟使用农药的情况。

2.5 转基因植物及其产品收获的资料：

2.5.1 转基因植物是否结实；

2.5.2 是机械收获还是人工收获，如何避免散失；

2.5.3 收获后的转基因植物及其产品如何保存。

3. 安全控制措施

3.1 隔离措施：

3.1.1 隔离距离；

3.1.2 隔离植物的种类及配置方式；

3.1.3 采用何种方式防止花粉传至试验地之外；

3.1.4 拟采用的其他隔离措施。

3.2 防止转基因植物及其基因扩散的措施。

3.3 试验过程中出现意外事故的应急措施。

3.4 收获部分之外的残留部分如何处理。

3.5 收获后试验地的监控：

3.5.1 试验地的监控负责人及联系方式；

3.5.2 试验地是否留有边界标记；

3.5.3 试验结束后的监控措施和年限。

三、转基因植物各阶段申报要求

1. 中间试验的报告要求

1.1 项目名称：应包含目的基因名称、转基因植物名称、试验所在省（直辖市、自治区）名称和试验阶段名称四个部分，如转*Bt*杀虫基因棉花在河北省和北京市的中间试验。

1.2 试验转基因植物材料数量：一份报告书中转化体应当是由同种受体植物（品种或品系不超过5个）、相同的目的基因、相同的基因操作所获得的，而且每个转化体都应有明确的名称或编号。

1.3 试验地点和规模：应在法人单位的试验基地进行，每个试验点面积不超过4亩（多年生植物视具体情况而定）。试验地点应明确试验所在的省（直辖市、自治区）、县（市）、乡、村和坐标。

1.4 试验年限：一般为一至两年（多年生植物视具体情况而定）。

1.5 报告中间试验一般应当提供以下相关附件资料：

1.5.1 目的基因的核苷酸序列及其推导的氨基酸序列；

1.5.2 目的基因与载体构建的图谱；

1.5.3 目的基因与植物基因组整合及其表达的分子检测或鉴定结果（PCR检测、Southern杂交分析或Northern分析结果）；

1.5.4 转基因性状及其产物的检测、鉴定技术；

1.5.5 试验地点的位置地形图和种植隔离图；

1.5.6 中间试验的操作规程（包括转基因植物的贮

存、转移、销毁、收获、采后期监控、意外释放的处理措施以及试验点的管理等)；

1.5.7 试验设计（包括安全性评价的主要指标和研究方法等，如转基因植物的遗传稳定性、农艺性状、环境适应能力、生存竞争能力、外源基因在植物各组织器官的表达及功能性状的有效性等)。

2. 环境释放的申报要求

2.1 项目名称：应包含目的基因名称、转基因植物名称、试验所在省（直辖市、自治区）名称和试验阶段名称四个部分，如转*Bt*杀虫基因棉花NY12和NM36在河北省和北京市的环境释放。

2.2 试验转基因植物材料数量：一份申报书中转化体应当是由同一品种或品系的受体植物、相同的目的基因、相同的基因操作方法所获得的，每个转化体都应有明确的名称或编号，并与中间试验阶段的相对应。

2.3 试验地点和规模：每个试验点面积不超过30亩（一般大于4亩，多年生植物视具体情况而定)。试验地点应明确试验所在的省（直辖市、自治区)、县（市)、乡、村和坐标。

2.4 试验年限：一次申报环境释放的期限一般为一至两年（多年生植物视具体情况而定)。

2.5 申请环境释放一般应当提供以下相关附件资料：

2.5.1 目的基因的核苷酸序列及其推导的氨基酸序列；

2.5.2 目的基因与载体构建的图谱；

2.5.3 目的基因与植物基因组整合及其表达的分子检测或鉴定结果（PCR检测、Southern杂交分析、Northern或Western分析结果、目的基因产物表达结果)；

2.5.4 转基因性状及其产物的检测、鉴定技术；

2.5.5 实验研究和中间试验总结报告；

2.5.6 试验地点的位置地形图；

2.5.7 环境释放的操作规程（包括转基因植物的贮存、转移、销毁、收获、采后期监控、意外释放的处理措施以及试验点的管理等）；

2.5.8 试验设计（包括安全性评价的主要指标和研究方法等，如转基因植物的遗传稳定性、农艺性状、环境适应能力、生存竞争能力、外源基因在植物各组织器官的表达及功能性状的稳定性、与相关物种的可交配性及基因漂移、对非靶标生物的影响等）。

3. 生产性试验的申报要求

3.1 项目名称：应包含目的基因名称、转基因植物名称、试验所在省（直辖市、自治区）名称和试验阶段名称四个部分，如转*Bt*杀虫基因棉花NY12在河北省和北京市的生产性试验。

3.2 试验转基因植物材料数量：一份申报书中不超过5个品系，这些品系应为同一转化体，其名称应与前期试验阶段的名称或编号相对应。

3.3 试验地点和规模：应在批准过环境释放的省（直辖市、自治区）进行，每个试验点面积大于30亩（多年生植物视具体情况而定）。试验地点应明确试验所在的省（直辖市、自治区）、县（市）、乡、村和坐标。

3.4 试验年限：一次申报生产性试验的期限一般为一至两年（多年生植物视具体情况而定）。

3.5 申请生产性试验一般应当提供以下相关附件资料：

3.5.1 目的基因的核苷酸序列及其推导的氨基酸序列；

3.5.2 目的基因与载体构建的图谱；

3.5.3 目的基因与植物基因组整合及其表达的分子检测或鉴定结果（PCR检测、Southern杂交分析、Northern或

Western分析结果、目的基因产物表达结果)；

3.5.4 转基因性状及其产物的检测和鉴定技术；

3.5.5 环境释放阶段审批书的复印件；

3.5.6 各试验阶段试验结果及安全性评价试验总结报告；

3.5.7 试验地点的位置地形图；

3.5.8 生产性试验的操作规程（包括转基因植物的贮存、转移、销毁、收获、采后期监控、意外释放的处理措施以及试验点的管理等)；

3.5.9 试验设计（包括安全性评价的主要指标和研究方法等，如转基因植物的遗传稳定性、生存竞争能力、基因漂移检测、对非靶标生物的影响，食品安全性如营养成分分析、抗营养因子、是否含毒性物质、是否含致敏原，标记基因的安全性，必要的急性、亚急性动物试验数据等)；

3.5.10 以转基因植物为亲本与常规品种（或其他转基因植物品种或品系）杂交获得的含有转基因成分的植物，应当提供其亲本名称及其选育过程的有关资料，并提供证明其基因来源的试验数据和资料。

4. **安全证书的申报要求**

4.1 项目名称：应包含目的基因名称、转基因植物名称、安全证书应用所在适宜生态区等几个部分，如转*cry1Ac*基因抗虫棉花XY12在黄河流域应用的安全证书。

4.2 一份申报书只能申请转基因植物一个品系（或品种)，其名称应与前期试验阶段的名称或编号相对应。品系名称应符合《农业植物品种命名规定》。

4.3 一个转基因植物品系（或品种）应当在已批准进行过生产性试验的适宜生态区申请一个安全证书。

4.4 一次申请安全证书的使用期限一般不超过五年。

4.5 申请安全证书一般应当提供以下附件资料：

4.5.1 目的基因的核苷酸序列及其推导的氨基酸序列；

4.5.2 目的基因与载体构建的图谱；

4.5.3 目的基因与植物基因组整合及其表达的分子检测或鉴定结果（PCR检测、Southern杂交分析、Northern或Western分析结果、目的基因产物表达结果）；

4.5.4 转基因性状及产物的检测和鉴定技术；

4.5.5 各试验阶段审批书的复印件；

4.5.6 各试验阶段的安全性评价试验总结报告；

4.5.7 转基因植物对生态环境安全性的综合评价报告；

4.5.8 食品安全性的综合评价报告，包括：A)必要的动物毒理试验报告；B)食品过敏性评价试验报告；C)与非转基因植物比较，其营养成分及抗营养因子分析报告等；

4.5.9 该类转基因植物国内外生产应用概况；

4.5.10 田间监控方案，包括监控技术、抗性治理措施、长期环境效应的研究方法等；

4.5.11 审查所需的其他相关资料。

4.6 申请转基因生物安全证书的转基因植物应当经农业部批准进行生产性试验，并在试验结束后方可申请安全证书。

4.7 转基因植物在取得农业转基因生物安全证书后方可作为种质资源利用。用取得农业转基因生物安全证书的转基因植物作为亲本与常规品种杂交得到的杂交后代，应当从生产性试验阶段开始申报安全性评价。

附录II

农业转基因生物安全评价管理办法

转基因动物安全评价

一、转基因动物安全性评价

1. 受体动物的安全性评价

1.1 受体动物的背景资料：

1.1.1 学名、俗名和其他名称；

1.1.2 分类学地位；

1.1.3 试验用受体动物品种名称；

1.1.4 是野生种还是驯养种；

1.1.5 原产地及引进时间；

1.1.6 用途；

1.1.7 在国内的应用情况；

1.1.8 对人类健康和生态环境是否发生过不利影响；

1.1.9 从历史上看，受体动物演变成有害动物的可能性；

1.1.10 是否有长期安全应用的记录。

1.2 受体动物的生物学特性：

1.2.1 各发育时期的生物学特性和生命周期；

1.2.2 食性；

1.2.3 繁殖方式和繁殖能力；

1.2.4 迁移方式和能力；

1.2.5 建群能力。包括受体动物的竞争性和侵占性行为对其在环境中建群能力的影响，种群大小对繁殖和迁移能力的影响；

1.2.6 对人畜的攻击性、毒性等；

1.2.7 对生态环境影响的可能性。

1.3 受体动物病原体的状况及其潜在影响：

1.3.1 是否具有某种特殊的易于传染的病原；

1.3.2 自然环境中病原体的种类和分布，对受体动物疾病的发生和传播，对其重要的经济生产性能降低及对人类健康和生态环境产生的不良影响；

1.3.3 病原体对环境的其他影响。

1.4 受体动物的生态环境：

1.4.1 在国内的地理分布和自然生境，这种自然分布是否会因某些条件的变化而改变；

1.4.2 生长发育所要求的生态环境条件；

1.4.3 是否为生态环境中的组成部分，对草地、水域环境的影响；

1.4.4 是否具有生态特异性，如在环境中的适应性等；

1.4.5 习性，是否可以独立生存，或者协同共生等；

1.4.6 在环境中生存的能力、机制和条件，天敌、饲草（饲料或饵料）或其他生物因子及气候、土壤、水域等非生物因子对其生存的影响；

1.4.7 与生态系统中其他动物的生态关系，包括生态环境的改变对这种（些）关系的影响以及是否会因此而产生或增加对人类健康和生态环境的不利影响；

1.4.8 与生态系统中其他生物（植物和微生物）的生态关系，包括生态环境的改变对这种（些）关系的影响以及是否会因此而产生或增加对人类健康或生态环境的不利影响。

1.4.9 对生态环境的影响及其潜在危险程度；

1.4.10 涉及国内非通常养殖的动物物种时，应详细描述该动物的自然生境和有关其天然捕食者、寄生物、竞争物和共生物的资料。

1.5 受体动物的遗传变异：

1.5.1 遗传稳定性，包括是否可以和外源DNA结合，是否存在交换因子，是否有活性病毒物质与其正常的染色体互作，是否可观察由于基因突变导致的异常基因型和表现型；

1.5.2 是否有发生遗传变异而对人类健康或生态环境产生不利影响的资料；

1.5.3 在自然条件下与其他动物种属进行遗传物质交换的可能性；

1.5.4 在自然条件下与微生物（特别是病原体）进行遗传物质交换的可能性。

1.6 受体动物的监测方法和监控的可能性。

1.7 受体动物的其他资料。

1.8 根据上述评价，参照本办法第十一条有关标准划分受体动物的安全等级。

2. 基因操作的安全性评价

2.1 转基因动物中引入或修饰性状和特性的叙述。

2.2 实际插入或删除序列的以下资料：

2.2.1 插入序列的大小和结构，确定其特性的分析方法；

2.2.2 删除区域的大小和功能；

2.2.3 目的基因的核苷酸序列和推导的氨基酸序列；

2.2.4 插入序列在动物细胞中的定位（是否整合到染色体、线粒体，或以非整合形式存在）及其确定方法；

2.2.5 插入序列的拷贝数。

2.3 目的基因与载体构建的图谱，载体的名称和来源，载体是否有致病性以及是否可能演变为有致病性。如是病毒载体，则应说明其作用和在受体动物中是否可以复制。

2.4 载体中插入区域各片段的资料：

2.4.1 启动子和终止子的大小、功能及其供体生物的名称；

2.4.2 标记基因和报告基因的大小、功能及其供体生物的名称；

2.4.3 其他表达调控序列的名称及其来源（如人工合成或供体生物名称）。

2.5 转基因方法。

2.6 插入序列表达的资料：

2.6.1 插入序列表达的资料及其分析方法，如Southern印迹杂交图、PCR-Southern杂交检测图等；

2.6.2 插入序列表达的器官和组织、表达量。

2.7 根据上述评价，参照本办法第十二条有关标准划分基因操作的安全类型。

3. **转基因动物的安全性评价**

3.1 与受体动物比较，转基因动物的如下特性是否改变：

3.1.1 在自然界中的存活能力；

3.1.2 经济性能；

3.1.3 繁殖、遗传和其他生物学特性。

3.2 插入序列的遗传稳定性。

3.3 基因表达产物、产物的浓度及其在可食用组织中的分布。

3.4 转基因动物遗传物质转移到其他生物体的能力和可能后果。

3.5 由基因操作产生的对人体健康和环境的毒性或有害作用的资料。

3.6 是否存在不可预见的对人类健康或生态环境的危害。

3.7 转基因动物的转基因性状检测和鉴定技术。

3.8 根据上述评价和食品卫生的有关规定，参照本办法第十三条有关标准划分转基因动物的安全等级。

4. **转基因动物产品的安全性评价**

4.1 转基因动物产品的稳定性。

4.2 生产、加工活动对转基因动物安全性的影响。

4.3 转基因动物产品与转基因动物在环境安全性方面的差异。

4.4 转基因动物产品与转基因动物在对人类健康影响方面的差异。

4.5 参照本办法第十四条有关标准划分转基因动物产品的安全等级。

二、转基因动物试验方案

1. **试验地点**

1.1 试验地点及其环境气象资料。

1.2 试验地点的生态类型。

1.3 试验地点周围的动物种类。

1.4 试验地点的生态环境对该转基因动物存活、繁殖、扩散和传播的有利或不利因素。特别是环境中其他生物从转基因动物获得目的基因的可能性。

2. **试验设计**

2.1 试验起止时间。

2.2 转基因动物的品种、品系名称（编号）。

2.3 转基因动物品种、品系在各试验地点的规模。

2.4 转基因动物及其产品的生产、包装和贮运方法。

2.5 转基因动物及其产品的用量，剩余部分处理方法。

2.6 转基因动物的饲养、屠宰、加工和贮运方式。

3. 安全控制措施

3.1 隔离方式，并附试验设计图。

3.2 转基因动物屠宰和加工后的残余或剩余部分处理方法。

3.3 防止转基因动物扩散的措施。

3.4 试验实施过程中出现意外事故的应急措施。

3.5 试验全过程的监控负责人及联络方式。

3.6 试验结束后的监控措施和年限。

三、转基因动物各阶段申报要求

1. 中间试验的报告要求

1.1 项目名称：应包含目的基因名称、转基因动物名称、试验所在省（直辖市、区）名称和试验阶段名称四个部分，如转GH促生长基因鲤鱼在湖南省和上海市的中间试验。

1.2 试验转基因动物材料数量：一份报告书中转基因动物品系（材料）应当是由同种受体动物、相同的目的基因、相同的基因操作所获得的，而且每个品系（材料）应当有明确的名称或编号。

1.3 试验地点和规模：应在法人单位的试验基地进行，每个试验点规模（上限）为大动物（马、牛）10 ~ 20头；中小动物（猪、羊等）20 ~ 40头（只）；禽类（鸡、鸭等）100 ~ 200羽（只）；鱼2 000 ~ 5 000尾等。试验地点应当明确试验所在的省（直辖市、自治区）、县（市）、乡、村和坐标。

1.4 试验年限：一般为一至两年（世代间隔几年以上的视具体情况而定）。

1.5 报告中间试验一般应当提供以下相关附件资料：

1.5.1 目的基因的核苷酸序列及推导的氨基酸序列；

1.5.2 目的基因与载体构建图；

1.5.3 目的基因整合进动物中并表达的分子检测或鉴定结果（PCR检测、Southern杂交分析或Northern分析结果）；

1.5.4 转基因性状及其产物的检测和鉴定技术；

1.5.5 试验地点的位置地形图和养殖隔离区图；

1.5.6 中间试验的操作规程（包括转基因动物的贮运、饲养、屠宰、销毁、试验结束后的监控、意外事故的处理措施以及试验点的管理等）；

1.5.7 试验设计（包括安全评价的主要指标和研究方法等，如转基因动物目标性状表达的稳定性、经济性能、生存竞争性、适应能力、外源功能基因在动物各组织器官的表达及功能性状的有效性等）。

2. 环境释放的申报要求

2.1 项目名称：应包含目的基因名称、转基因动物名称、试验所在省（直辖市、自治区）名称和试验阶段名称四个部分，如转GH促生长基因鲤鱼A12和T19在湖南省的环境释放。

2.2 试验转基因动物材料数量：一份申报书中转基因动物品系最多不超过5个，这些品系应当是由同种受体动物、相同的目的基因、相同的基因操作获得的，而且每个品系应当有名称或编号，并与中间试验阶段的相对应。

2.3 试验地点和规模：每个试验点规模（上限）为大动物（马、牛）150头；中小动物（猪、羊等）500头（只）；禽类（鸡、鸭等）3 000羽（只）；鱼10 000 ~ 50 000尾等。试验地点应当明确试验所在的省（直辖市、自治区）、县（市）、乡、村和坐标。

2.4 试验年限：一次申报环境释放的期限一般为一至两年（世代间隔几年以上的视具体情况而定）。

2.5 申请环境释放一般应当提供以下相关附件资料：

2.5.1 目的基因的核苷酸序列及其推导的氨基酸序列；

2.5.2 目的基因与载体构建的图谱；

2.5.3 目的基因整合进动物中并表达的分子检测或鉴定结果（PCR检测、Southern杂交分析或Northern分析结果、目的蛋白的表达结果）；

2.5.4 转基因性状及其产物的检测和鉴定技术；

2.5.5 中间试验结果及安全性评价试验总结报告；

2.5.6 试验地点的位置地形图和隔离示意图；

2.5.7 环境释放的操作规程（包括转基因动物的贮运、饲养、屠宰、销毁、试验结束后的监控、意外事故的处理措施以及试验点的管理等）；

2.5.8 试验设计（包括安全性评价的主要指标和研究方法等，如转基因动物的稳定性、经济性能、生存竞争性、适应能力、外源功能基因在动物各组织器官的表达及功能性状的稳定性和有效性、基因漂移检测、对非靶标生物的影响等）。

3. 生产性试验的申报要求

3.1 项目名称：应包含目的基因名称、转基因动物名称、试验所在省（直辖市、自治区）名称和试验阶段名称四个部分，如转GH促生长基因鲤鱼A112在湖南省的生产性试验。

3.2 试验转基因动物材料数量：一份申报书中转基因动物品系不超过3个，这些品系应当是由同种受体动物、相同的目的基因、相同的基因操作获得的。品种或品系应当有明确的名称，并与以前各试验阶段的名称或编号相对应。

3.3 试验地点和规模：应在批准过环境释放的省（直

辖市、自治区）进行，每个试验点规模（上限）为大动物（马、牛）1 000头；中小动物（猪、羊等）10 000头（只）；禽类（鸡、鸭等）20 000羽（只）；鱼10万～30万尾等。试验地点应当明确试验所在的省（直辖市、自治区）、县（市）、乡、村和坐标。

3.4 试验年限：一次申请生产性试验的期限一般为一至两年（世代间隔较长的视具体情况而定）。

3.5 申请生产性试验一般应当提供以下相关附件资料：

3.5.1 目的基因的核苷酸序列及其推导的氨基酸序列；

3.5.2 目的基因与载体构建的图谱；

3.5.3 目的基因整合进动物中并表达的分子检测或鉴定结果（PCR检测、Southern杂交分析或Northern分析结果、目的蛋白的表达结果）；

3.5.4 转基因性状及其产物的检测和鉴定技术；

3.5.5 环境释放阶段审批书的复印件；

3.5.6 各试验阶段试验结果及安全性评价试验总结报告；

3.5.7 试验地点的位置地形图；

3.5.8 生产性试验的操作规程（包括转基因动物的贮运、饲养、屠宰、销毁、试验结束后的监控、意外事故的处理措施以及试验点的管理等）；

3.5.9 试验设计（包括安全评价的主要指标和研究方法等，如转基因动物的稳定性、经济性能、生存竞争性、适应能力、外源功能基因在动物各组织器官的表达及功能性状的稳定性、有效性、基因漂移情况、对非靶标生物的影响、食品安全性如营养成分分析、抗营养因子、是否含毒性物质、是否有过敏性反应、急性、亚急性动物试验数据等）；

3.5.10 对于以转基因动物为亲本与常规品种杂交

获得的含有转基因成分的动物，应当提供其亲本名称及其选育过程的有关资料，并提供证明其基因来源的试验数据和资料。

4. 安全证书的申报要求

4.1 项目名称：应包含目的基因名称、转基因动物名称等几个部分，如转GH促生长基因鲤鱼A112的安全证书。

4.2 一份申报书只能申请转基因动物的一个品种或品系，其名称应与以前各试验阶段的名称或编号相对应。

4.3 一次申请安全证书的使用期限一般不超过五年。

4.4 申请安全证书一般应当提供以下相关附件资料：

4.4.1 目的基因的核苷酸序列及其推导的氨基酸序列；

4.4.2 目的基因与载体构建的图谱；

4.4.3 目的基因整合进动物中并表达的分子检测或鉴定结果（PCR检测、Southern杂交分析或Northern分析结果、目的蛋白的表达结果）；

4.4.4 转基因性状及其产物的检测和鉴定技术；

4.4.5 各试验阶段审批书的复印件；

4.4.6 各试验阶段试验结果及安全性评价试验总结报告；

4.4.7 转基因动物遗传稳定性、经济性能、竞争性、生存适应能力等的综合评价报告；

4.4.8 外源基因在动物各组织器官的表达资料；

4.4.9 转基因动物对生态环境的安全性综合评价报告；

4.4.10 食品安全性检测报告: A)动物毒理试验报告B）食品过敏性评价试验报告 C)与非转基因动物比较，其营养成分及抗营养因子分析报告；

4.4.11 该类转基因动物国内外生产应用概况；

4.4.12 该转基因动物可能的生存区域的监控方案，包括监控技术、抗性治理措施、长期环境效应的研究方法；

4.4.13 审查所需的其他相关资料。

4.5 转基因动物应当经农业部批准进行生产性试验，并在试验结束后方可申请安全证书。

4.6 转基因动物在取得农业转基因生物安全证书后方可作为种质资源利用。已取得农业转基因生物安全证书的转基因动物作为亲本与常规品种杂交得到的含有转基因成分的动物，应当从生产性试验阶段开始申报安全性评价。

附录III

农业转基因生物安全评价管理办法

转基因微生物安全评价

根据安全性评价的需要，将转基因微生物分为植物用转基因微生物、动物用转基因微生物和其他转基因微生物。

一、植物用转基因微生物安全评价

（一）植物用转基因微生物安全性评价

1. 受体微生物的安全性评价

1.1 受体微生物的背景资料：

1.1.1 学名、俗名和其他名称；

1.1.2 分类学地位；

1.1.3 试验用受体微生物菌株名称；

1.1.4 是天然野生菌种还是人工培养菌种；

1.1.5 原产地及引进时间；

1.1.6 用途；

1.1.7 在国内的应用情况；

1.1.8 对人类健康或生态环境是否发生过不利影响；

1.1.9 从历史上看，受体微生物演变成有害生物的可能性；

1.1.10 是否有长期安全应用的记录。

1.2 受体微生物的生物学特性：

1.2.1 生育期和世代时间；

1.2.2 繁殖方式和繁殖能力；

1.2.3 适宜生长的营养要求；

1.2.4 寄主植物范围；

1.2.5 在环境中定殖、存活和传播扩展的方式、能力及其影响因素；

1.2.6 对人畜的致病性，是否产生有毒物质；

1.2.7 对植物的致病性；

1.2.8 其他重要生物学特性。

1.3 受体微生物的生态环境：

1.3.1 在国内的地理分布和自然生境，其自然分布是否会因某些条件的变化而改变；

1.3.2 生长发育所要求的生态环境条件，包括温度、湿度、酸碱度、光照、空气等；

1.3.3 是否为生态环境中的组成部分，对农田土壤、植被、陆地、草地、水域环境的影响；

1.3.4 是否具有生态特异性，如在环境中的适应性等；

1.3.5 与生态系统中其他微生物的生态关系，包括生态环境的改变对这种（些）关系的影响以及是否会因此而产生或增加对人类健康和生态环境的不利影响；

1.3.6 与生态系统中其他生物（植物和动物）的生态关系，包括生态环境的改变对这种（些）关系的影响以及是否会因此而产生或增加对人类健康或生态环境的不利影响；

1.3.7 对生态环境的影响及其潜在危险程度；

1.3.8 涉及国内非通常种植的植物物种时，应详细描述该植物的自然生境和有关其天然捕食者、寄生物、竞争物和共生物的资料。

1.4 受体微生物的遗传变异：

1.4.1 遗传稳定性；

1.4.2 质粒状况，质粒的稳定性及其潜在危险程度；

1.4.3 转座子和转座因子状况及其潜在危险程度；

1.4.4 是否有发生遗传变异而对人类健康或生态环境产生不利影响的资料；

1.4.5 在自然条件下与其他微生物（特别是病原体）进行遗传物质交换的可能性；

1.4.6 在自然条件下与植物进行遗传物质交换的可能性；

1.4.7 在自然条件下与动物进行遗传物质交换的可能性。

1.5 受体微生物的监测方法和监控的可能性。

1.6 受体微生物的其他资料。

1.7 根据本办法第十一条有关标准确定受体微生物的安全等级。

2. 基因操作的安全性评价

2.1 植物用转基因微生物中引入或修饰性状和特性的叙述。

2.2 实际插入或删除序列的资料：

2.2.1 插入序列的大小和结构，确定其特性的分析方法；

2.2.2 删除区域的大小和功能；

2.2.3 目的基因的核苷酸序列和推导的氨基酸序列；

2.2.4 插入序列的拷贝数。

2.3 载体的名称和来源，载体特性和安全性，能否向自然界中不含有该类基因的微生物转移；载体构建的图谱。

2.4 载体中插入区域各片段的资料：

2.4.1 启动子和终止子的大小、功能及其供体生物的名称；

2.4.2 标记基因和报告基因的大小、功能及其供体生物的名称；

2.4.3 其他表达调控序列的名称及其来源（如人工合成或供体生物名称）。

2.5 基因操作方法。

2.6 目的基因的生存前景和表达的稳定性。

2.7 目的基因的检测和鉴定技术。

2.8 重组DNA分子的结构、复制特性和安全性。

2.9 根据本办法第十二条有关标准确定基因操作的安全类型。

3. 植物用转基因微生物的安全性评价

3.1 与受体微生物比较，植物用转基因微生物如下特性是否改变：

3.1.1 定殖能力；

3.1.2 存活能力；

3.1.3 传播扩展能力；

3.1.4 毒性和致病性；

3.1.5 遗传变异能力；

3.1.6 受监控的可能性；

3.1.7 与植物的生态关系；

3.1.8 与其他微生物的生态关系；

3.1.9 与其他生物（动物和人）的生态关系，人类接触的可能性及其危险性，对所产生的不利影响的消除途径；

3.1.10 其他重要生物学特性。

3.2 应用的植物种类和用途。与相关生物农药、生物肥料等相比，其表现特点和相对安全性。

3.3 试验应用的范围，在环境中可能存在的范围，广泛应用后的潜在影响。

3.4 对靶标生物的有益或有害作用。

3.5 对非靶标生物的有益或有害作用。

3.6 植物用转基因微生物转基因性状的监测方法和检测鉴定技术。

3.7 根据本办法第十三条有关标准确定植物用转基因微生物的安全等级。

4. 植物用转基因微生物产品的安全性评价

4.1 转基因微生物产品的稳定性。

4.2 生产、加工活动对转基因微生物安全性的影响。

4.3 转基因微生物产品与转基因微生物在环境安全性方面的差异。

4.4 转基因微生物产品与转基因微生物在对人类健康影响方面的差异。

4.5 参照本办法第十四条有关标准划分植物用转基因微生物产品的安全等级。

（二）植物用转基因微生物试验方案

1. 试验地点

1.1 试验地点的气象资料，试验地点的地形，环境的一般性描述，标明试验地点的位置示意图。

1.2 试验地周围的生态类型。

1.3 释放地点周围的动物、植物种类。

1.4 释放地点的生态环境对该植物用转基因微生物的存活、繁殖、扩散和传播的有利或不利因素，特别是环境中其他生物从转基因生物获得目的基因的可能性。

2. 试验设计

2.1 试验的起止时间。

2.2 试验菌株名称或编号。

2.3 拟开展试验的地点和试验面积。

2.4 生产、包装、贮存及运输至试验地的方式。

2.5 使用方法及剂量，未使用部分的处置方式。

2.6 试验植物的种植方法、田间管理措施。

3. 安全控制措施

3.1 在试验地点的安全隔离措施：

3.1.1 隔离方式和隔离距离；

3.1.2 防止植物用转基因微生物扩散的措施；

3.1.3 试验过程中出现意外事故的应急措施；

3.1.4 试验期间的监控负责人及其联系方式。

3.2 试验期间和试验结束后，试验植物的取样或收获方式，残余或剩余部分的处理方法。

3.3 试验结束后的监控措施：

3.3.1 试验结束后对试验地点及其周围环境的安全监控计划；

3.3.2 试验结束后的监控年限；

3.3.3 监控负责人及其联系方式。

（三）植物用转基因微生物各阶段申报要求

1. 中间试验的报告要求

1.1 项目名称：应包含目的基因名称、转基因微生物的名称、试验所在省（直辖市、自治区）名称和试验阶段名称四个部分，如转*Cry1Ac*基因苏云金芽孢杆菌在广东省的中间试验。

1.2 试验转基因微生物菌株数量：一份报告书中菌株应当是由同一种受体微生物（受体菌株不超过5个）、相同的目的基因、相同的基因操作所获得的，而且每个转基因菌株都应有明确的名称或编号。

1.3 试验地点和规模：应在法人单位的试验基地进行，

每个试验点面积不超过4亩。试验地点应当明确试验所在的省（直辖市、自治区）、县（市）、乡、村和坐标。

1.4 试验年限：一般为一至两年。

1.5 报告中间试验一般应当提供以下相关附件资料：

1.5.1 目的基因的核苷酸序列和推导的氨基酸序列；

1.5.2 目的基因、载体图谱与转基因微生物构建技术路线；

1.5.3 受体微生物和转基因微生物的毒理学试验报告或有关文献资料；

1.5.4 试验地点的位置图和试验隔离图；

1.5.5 中间试验的操作规程（包括植物用转基因微生物的贮存、转移、销毁、试验结束后的监控、意外释放的处理措施以及试验点的管理等）；

1.5.6 根据安全性评价的要求提出具体试验设计。

2. 环境释放的申报要求

2.1 项目名称：应包含目的基因名称、转基因微生物名称及代号、试验所在省（直辖市、自治区）名称和试验阶段名称四个部分，如转*Cry1Ac*基因苏云金芽孢杆菌NJ8和NY23在广东省的环境释放。

2.2 试验转基因微生物菌株数量：一份申报书中菌株应当是由同一受体菌株、相同的目的基因、相同的基因操作所获得的，而且每个转基因菌株都应有明确的名称或编号，并与中间试验的相对应。

2.3 试验地点和规模：每个试验点面积为不超过30亩（一般大于4亩）。试验地点应当明确试验所在的省（直辖市、自治区）、县（市）、乡、村和坐标。

2.4 试验年限：一次申请环境释放的期限一般为一至两年。

2.5 申请环境释放一般应当提供以下相关附件资料：

2.5.1 目的基因的核苷酸序列或其推导的氨基酸序列；

2.5.2 目的基因、载体图谱与转基因微生物构建技术路线；

2.5.3 受体菌、转基因微生物的毒理学试验报告或有关文献资料；

2.5.4 跟踪监测要求的资料；

2.5.5 中间试验阶段安全性评价的总结报告；

2.5.6 试验地点的位置图；

2.5.7 环境释放的操作规程（包括植物用转基因微生物的贮存、转移、销毁、试验结束后的监控、意外释放的处理措施以及试验点的管理等）；

2.5.8 根据安全性评价的要求提出具体试验设计。

3. 生产性试验的申报要求

3.1 项目名称：应包含目的基因名称、转基因微生物名称及代号、试验所在省（直辖市、自治区）名称和试验阶段名称四个部分，如转*Cry1Ac*基因苏云金芽孢杆菌NY23在广东省的生产性试验。

3.2 试验转基因微生物菌株数量：一份申报书中不超过5个转基因微生物株系（品系），这些株系（品系）应当是由同一受体菌株、相同的目的基因、相同的基因操作所获得的，而且应有明确的名称，并与以前各试验阶段的名称或编号相对应。

3.3 试验地点和规模：应在批准过环境释放的省（直辖市、自治区）进行，每个试验点面积大于30亩。试验地点应当明确试验所在的省（直辖市、自治区）、县（市）、乡、村和坐标。

3.4 试验年限：一次申请生产性试验的期限一般为一

至两年。

3.5 申请生产性试验一般应当提供以下相关附件资料：

3.5.1 目的基因的核苷酸序列和推导的氨基酸序列；

3.5.2 目的基因、载体图谱与转基因微生物构建的技术路线；

3.5.3 检测机构出具的受体微生物、转基因微生物的毒理学试验报告或有关文献资料；

3.5.4 环境释放阶段审批书的复印件；

3.5.5 跟踪监测要求的资料；

3.5.6 中间试验和环境释放阶段安全性评价的总结报告；

3.5.7 转基因微生物生产和试验地点的位置图；

3.5.8 生产性试验的操作规程（包括植物用转基因微生物的贮存、转移、销毁、试验结束后的监控、意外释放的处理措施以及试验点的管理等）；

3.5.9 根据安全性评价的要求提出具体试验设计。

4. 安全证书的申报要求

4.1 项目名称：应包含目的基因名称、转基因微生物名称等几个部分，如转*Cry1Ac*基因苏云金芽孢杆菌NY23的安全证书。

4.2 转基因微生物应当经农业部批准进行生产性试验，并在试验结束后才能申请安全证书。

4.3 一次申请安全证书的使用期限一般不超过五年。

4.4 申请安全证书一般应当提供以下相关附件资料：

4.4.1 目的基因的核苷酸序列或其推导的氨基酸序列；

4.4.2 目的基因、载体图谱与转基因微生物构建的技术路线；

4.4.3 环境释放和生产性试验阶段审批书的复印件；

4.4.4 中间试验、环境释放、生产性试验阶段安全性评价的总结报告；

4.4.5 转基因微生物对人体健康、环境和生态安全影响的综合性评价报告；

4.4.6 该类植物用转基因微生物在国内外生产应用的概况；

4.4.7 植物用转基因微生物检测、鉴定的方法或技术路线；

4.4.8 植物用转基因微生物的长期环境影响监控方法；

4.4.9 其他相关资料。

二、动物用转基因微生物安全评价

（一）动物用转基因微生物安全性评价

1. 受体微生物的安全性评价

1.1 受体微生物的背景资料：

1.1.1 学名、俗名和其他名称；

1.1.2 分类学地位；

1.1.3 试验用受体微生物菌株名称；

1.1.4 是天然野生菌种还是人工培养菌种；

1.1.5 原产地及引进时间；

1.1.6 用途；

1.1.7 在国内的应用情况；

1.1.8 对人类健康或生态环境是否发生过不利影响；

1.1.9 从历史上看，受体微生物演变成有害生物的可能性；

1.1.10 是否有长期安全应用的记录。

1.2 受体微生物的生物学特性：

1.2.1 生育期和世代时间；

1.2.2 繁殖方式和繁殖能力；

1.2.3 适宜生长的营养要求；

1.2.4 适宜应用的动物种类；

1.2.5 在环境中定殖、存活和传播扩展的方式、能力及其影响因素；

1.2.6 对动物的致病性，是否产生有毒物质；

1.2.7 对人体健康和植物的潜在危险性；

1.2.8 其他重要生物学特性。

1.3 受体微生物所适应的生态环境：

1.3.1 在国内的地理分布和自然生境，其自然分布是否会因某些条件的变化而改变；

1.3.2 生长发育所要求的生态环境条件，包括温度、湿度、酸碱度、光照、空气等；

1.3.3 是否具有生态特异性，如在环境中的适应性等；

1.3.4 与生态系统中其他微生物的生态关系，是否受人类和动物病原体（如病毒）的侵染。包括生态环境的改变对这种（些）关系的影响以及是否会因此而产生或增加对动物健康、人类健康和生态环境的不利影响；

1.3.5 对生态环境的影响及其潜在危险程度；

1.3.6 涉及国内非通常养殖的动物物种时，应详细描述该动物的自然生境和其他有关资料。

1.4 受体微生物的遗传变异：

1.4.1 遗传稳定性；

1.4.2 质粒状况，质粒的稳定性及其潜在危险程度；

1.4.3 转座子和转座因子状况及其潜在危险程度；

1.4.4 是否有发生遗传变异而对动物健康、人类健康或生态环境产生不利影响的可能性；

1.4.5 在自然条件下与其他微生物（特别是病原

体）进行遗传物质交换的可能性；

1.4.6 在自然条件下与动物进行遗传物质交换的可能性。

1.5 受体微生物的监测方法和监控的可能性。

1.6 受体微生物的其他资料。

1.7 根据本办法第十一条有关标准确定受体微生物的安全等级。

2. 基因操作的安全性评价

2.1 动物用转基因微生物中引入或修饰性状和特性的叙述。

2.2 实际插入或删除序列的资料：

2.2.1 插入序列的大小和结构，确定其特性的分析方法；

2.2.2 删除区域的大小和功能；

2.2.3 目的基因的核苷酸序列和推导的氨基酸序列；

2.2.4 插入序列的拷贝数。

2.3 目的基因与载体构建的图谱，载体的名称和来源，载体特性和安全性，能否向自然界中不含有该类基因的微生物转移。

2.4 载体中插入区域各片段的资料：

2.4.1 启动子和终止子的大小、功能及其供体生物的名称；

2.4.2 标记基因和报告基因的大小、功能及其供体生物的名称；

2.4.3 其他表达调控序列的名称及其来源（如人工合成或供体生物名称）。

2.5 基因操作方法。

2.6 目的基因表达的稳定性。

2.7 目的基因的检测和鉴定技术。

2.8 重组DNA分子的结构、复制特性和安全性。

2.9 根据本办法第十二条有关标准确定基因操作的安全类型。

3. **动物用转基因微生物的安全性评价**

3.1 动物用转基因微生物的生物学特性；应用目的；在自然界的存活能力；遗传物质转移到其他生物体的能力和可能后果；监测方法和监控的可能性。

3.2 动物用转基因微生物的作用机理和对动物的安全性。

3.2.1 在靶动物和非靶动物体内的生存前景；

3.2.2 对靶动物和可能的非靶动物高剂量接种后的影响；

3.2.3 与传统产品相比较，其相对安全性；

3.2.4 宿主范围及载体的漂移度；

3.2.5 免疫动物与靶动物以及非靶动物接触时的排毒和传播能力；

3.2.6 动物用转基因微生物回复传代时的毒力返强能力；

3.2.7 对怀孕动物的安全性；

3.2.8 对免疫动物子代的安全性。

3.3 动物用转基因微生物对人类的安全性。

3.3.1 人类接触的可能性及其危险性，有可能产生的直接影响、短期影响和长期影响，对所产生的不利影响的消除途径；

3.3.2 广泛应用后的潜在危险性。

3.4 动物用转基因微生物对生态环境的安全性。

3.4.1 在环境中释放的范围、可能存在的范围以及对环境中哪些因素存在影响；

3.4.2 影响动物用转基因微生物存活、增殖和传播的理化因素。

3.4.3 感染靶动物的可能性或潜在危险性；

3.4.4 动物用转基因微生物的稳定性、竞争性、生存能力、变异性以及致病性是否因外界环境条件的改变而改变。

3.5 动物用转基因微生物的检测和鉴定技术。

3.6 根据本办法第十三条有关标准确定动物用转基因微生物的安全等级。

4. 动物用转基因微生物产品的安全性评价

4.1 转基因微生物产品的稳定性。

4.2 生产、加工活动对转基因微生物安全性的影响。

4.3 转基因微生物产品与转基因微生物在环境安全性方面的差异。

4.4 转基因微生物产品与转基因微生物在对人类健康影响方面的差异。

4.5 参照本办法第十四条有关标准划分动物用转基因微生物产品的安全等级。

（二）动物用转基因微生物试验方案

1. 试验地点

1.1 提供试验地点的气象资料，试验地点的地形环境的一般性描述、标明试验地点的示意图。

1.2 试验地周围的生态类型。

1.3 试验地点周围的动物种类。

1.4 试验地点的生态环境对该动物用转基因微生物的存活、繁殖、扩散和传播的有利或不利因素，特别是环境中其他生物从该动物用转基因微生物获得目的基因的可能性。

2. 试验方案

2.1 试验的起止时间。

2.2 动物用转基因微生物的名称或编号。

2.3 动物用转基因微生物在各试验地点的试验动物规模。

2.4 试验区域的大小。

2.5 动物用转基因微生物的应用。

2.6 动物用转基因微生物的生产、包装及贮运至试验地方式。

2.7 动物用转基因微生物的使用方法及剂量，未使用的部分的处置方式。

3. 安全控制措施

3.1 试验动物的安全隔离。

3.1.1 隔离方式、隔离距离；

3.1.2 防止动物用转基因微生物扩散的措施；

3.1.3 饲养全过程的安全控制措施；

3.1.4 试验过程中出现意外事故的应急措施。

3.2 试验动物的饲养和试验结束后的处理方式。

3.3 试验结束后对试验场所的监控措施。

3.4 试验结束后的监控年限。

3.5 试验的监控负责人及其联系方式。

（三）动物用转基因微生物各阶段申报要求

1. 中间试验的报告要求

1.1 项目名称：应包含目的基因名称、动物用转基因微生物及产品名称、试验所在省（直辖市、自治区）名称和试验阶段名称四个部分，如表达鸡新城疫病毒F基因的重组鸡痘病毒基因工程疫苗在江苏省的中间试验。

1.2 试验转基因微生物材料数量：一份报告书中菌株应当是由同一种受体微生物（受体菌株不超过5个）、相同的目的基因、相同的基因操作所获得的，而且每个转基因菌株都应有明确的名称或编号。

1.3 试验地点和规模：应在法人单位的试验基地进行。

每个试验点动物规模（上限）为大动物（马、牛）20头；中小动物（猪、羊等）40头（只）；禽类（鸡、鸭等）200羽（只）；鱼2 000尾。应当明确试验所在的省（直辖市、自治区）、县（市）、乡、村和坐标。

1.4 试验年限：一般为一至二年。

1.5 报告中间试验一般应当提供以下相关附件资料：

1.5.1 目的基因的核苷酸序列和推导的氨基酸序列；

1.5.2 目的基因与载体构建的图谱；

1.5.3 试验地点的位置图和试验隔离图；

1.5.4 中间试验的操作规程（包括动物用转基因微生物的贮存、转移、销毁、试验结束后的监控、意外释放的处理措施以及试验点的管理等）；

1.5.5 试验设计（包括安全评价的主要指标和研究方法等，如转基因微生物的稳定性、竞争性、生存适应能力、外源基因在靶动物体内的表达和消长关系等）。

2. 环境释放的申报要求

2.1 项目名称：应包含目的基因名称、动物用转基因微生物及产品名称、试验所在省（直辖市、自治区）名称和试验阶段名称四个部分，如表达鸡新城疫病毒F基因的重组鸡痘病毒基因工程疫苗NF16和YF9在江苏省的环境释放。

2.2 试验转基因微生物材料数量：一份申报书中菌株应当是由同一种受体菌株、同种目的基因和同种基因操作所获得的，每个菌株应当有明确的名称或编号，并与中间试验阶段的相对应。

2.3 试验地点和规模：每个试验点试验动物规模（上限）为大动物（马、牛）100头；中小动物（猪、羊等）500头（只）；禽类（鸡、鸭等）5 000羽（只）；鱼10 000尾。应当明确试验所在的省（直辖市、自治区）、县（市）、乡、村和坐标。

2.4 试验年限：一次申请环境释放的期限一般为一至二年。

2.5 申请环境释放一般应当提供以下相关附件资料：

2.5.1 目的基因的核苷酸序列和推导的氨基酸序列图；

2.5.2 目的基因与载体构建的图谱；

2.5.3 提供中间试验阶段的安全性评价试验总结报告；

2.5.4 毒理学试验报告（如急性、亚急性、慢性实验，致突变、致畸变试验等）；

2.5.5 试验地点的位置图和试验隔离图；

2.5.6 环境释放的操作规程（包括动物用转基因微生物的贮存、转移、销毁、试验结束后的监控、意外释放的处理措施以及试验点的管理等）；

2.5.7 试验设计（包括安全评价的主要指标和研究方法等，如转基因微生物的稳定性、竞争性、生存适应能力、外源基因在靶动物体内的表达和消长关系等）。

3. **生产性试验的申报要求**

3.1 项目名称：应包含目的基因名称、转基因微生物名称、试验所在省（直辖市、自治区）名称和试验阶段名称四个部分，如表达鸡新城疫病毒F基因的重组鸡痘病毒基因工程疫苗NF16在江苏省的生产性试验。

3.2 试验转基因微生物材料数量：一份申报书中不超过5种动物用转基因微生物，应当是由同一受体菌株、相同的目的基因、相同的基因操作所获得的，而且其名称应当与前期试验阶段的名称和编号相对应。

3.3 试验地点和规模：应在批准过环境释放的省（直辖市、自治区）进行，每个试验点试验动物规模（上限）为大动物（马、牛）1 000头；中小动物（猪、羊等）10 000头

（只）；禽类（鸡、鸭等）20 000羽（只）；鱼10万尾。应当明确试验所在的省（直辖市、自治区）、县（市）、乡、村和坐标。

3.4 试验年限：一次申请生产性试验的期限一般为一至二年。

3.5 申请生产性试验一般应当提供以下相关附件资料：

3.5.1 目的基因的核苷酸序列或其推导的氨基酸序列图；

3.5.2 目的基因与载体构建的图谱；

3.5.3 环境释放阶段审批书的复印件；

3.5.4 中间试验和环境释放安全性评价试验的总结报告；

3.5.5 食品安全性检测报告（如急性、亚急性、慢性实验，致突变、致畸变实验等毒理学报告）；

3.5.6 通过监测，目的基因或动物用转基因微生物向环境中的转移情况报告。

3.5.7 试验地点的位置图和试验隔离图；

3.5.8 生产性试验的操作规程（包括动物用转基因微生物的贮存、转移、销毁、试验结束后的监控、意外释放的处理措施以及试验点的管理等）；

3.5.9 试验设计（包括安全评价的主要指标和研究方法等，如转基因微生物的稳定性、竞争性、生存适应能力、外源基因在靶动物体内的表达和消长关系等）。

4. 安全证书的申报要求

4.1 项目名称：应包含目的基因名称、转基因微生物名称等几个部分，如：表达鸡新城疫病毒F基因的重组鸡痘病毒基因工程疫苗NF16的安全证书。

4.2 一份申报书只能申请1种动物用转基因微生物，其名称应当与前期试验阶段的名称或编号相对应。

4.3 一次申请安全证书的使用期限一般不超过五年。

4.4 申请安全证书一般应当提供以下相关附件资料：

4.4.1 目的基因的核苷酸序列及其推导的氨基酸序列图；

4.4.2 目的基因与载体构建的图谱；

4.4.3 目的基因的分子检测或鉴定技术方案；

4.4.4 重组DNA分子的结构、构建方法；

4.4.5 各试验阶段审批书的复印件；

4.4.6 各试验阶段安全性评价试验的总结报告；

4.4.7 通过监测，目的基因或转基因微生物向环境中转移情况的报告；

4.4.8 稳定性、生存竞争性、适应能力等的综合评价报告；

4.4.9 对非靶标生物影响的报告；

4.4.10 食品安全性检测报告（如急性、亚急性、慢性实验，致突变、致畸变实验等毒理学报告）；

4.4.11 该类动物用转基因微生物在国内外生产应用的概况；

4.4.12 审查所需的其他相关资料。

三、其他转基因微生物安全评价

（一）其他转基因微生物安全性评价

1. 受体微生物的安全性评价

1.1 受体微生物的背景资料：

1.1.1 学名、俗名和其他名称；

1.1.2 分类学地位；

1.1.3 试验用受体微生物菌株名称；

1.1.4 是天然野生菌种还是人工培养菌种；

1.1.5 原产地及引进时间；

1.1.6 用途；

1.1.7 在国内的应用情况；

1.1.8 对人类健康或生态环境是否发生过不利影响；

1.1.9 从历史上看，受体微生物演变成有害生物的可能性；

1.1.10 是否有长期安全应用的记录。

1.2 受体微生物的生物学特性：

1.2.1 生育期和世代时间；

1.2.2 繁殖方式和繁殖能力；

1.2.3 适宜生长的营养要求；

1.2.4 在环境中定殖、存活和传播扩展的方式、能力及其影响因素；

1.2.5 对人畜的致病性，是否产生有毒物质；

1.2.6 对植物的致病性；

1.2.7 其他重要生物学特性。

1.3 受体微生物的生态环境：

1.3.1 在国内的地理分布和自然生境，其自然分布是否会因某些条件的变化而改变；

1.3.2 生长发育所要求的生态环境条件，包括温度、湿度、酸碱度、光照、空气等；

1.3.3 是否为生态环境中的组成部分，对农田土壤、植被、陆地、草地、水域环境的影响；

1.3.4 是否具有生态特异性，如在环境中的适应性等；

1.3.5 与生态系统中其他微生物的生态关系，包括生态环境的改变对这种（些）关系的影响以及是否会因此而产生或增加对人类健康和生态环境的不利影响；

1.3.6 与生态系统中其他生物（植物和动物）的生态关系，包括生态环境的改变对这种（些）关系的影响以及是否会因此而产生或增加对人类健康或生态环境的不利影响；

1.3.7 对生态环境的影响及其潜在危险程度；

1.3.8 涉及国内非通常种植（养殖）的动植物物种时，应详细描述该动物（植物）的自然生境和有关其天然捕食者、寄生物、竞争物和共生物的资料。

1.4 受体微生物的遗传变异：

1.4.1 遗传稳定性；

1.4.2 质粒状况，质粒的稳定性及其潜在危险程度；

1.4.3 转座子和转座因子状况及其潜在危险程度；

1.4.4 是否有发生遗传变异而对人类健康或生态环境产生不利影响的可能性；

1.4.5 在自然条件下与其他微生物（特别是病原体）进行遗传物质交换的可能性；

1.4.6 在自然条件下与植物进行遗传物质交换的可能性；

1.4.7 在自然条件下与动物进行遗传物质交换的可能性。

1.5 受体微生物的监测方法和监控的可能性。

1.6 受体微生物的其他资料。

1.7 根据本办法第十一条有关标准确定受体微生物的安全等级。

2. 基因操作的安全性评价

2.1 转基因微生物中引入或修饰性状和特性的叙述。

2.2 实际插入或删除序列的资料：

2.2.1 插入序列的大小和结构，确定其特性的分析方法；

2.2.2 删除区域的大小和功能；

2.2.3 目的基因的核苷酸序列和推导的氨基酸序列；

2.2.4 插入序列的拷贝数。

2.3 目的基因与载体构建的图谱；载体的名称和来源，载体特性和安全性，能否向自然界中不含有该类基因的微生物转移。

2.4 载体中插入区域各片段的资料：

2.4.1 启动子和终止子的大小、功能及其供体生物的名称；

2.4.2 标记基因和报告基因的大小、功能及其供体生物的名称；

2.4.3 其他表达调控序列的名称及其来源（如人工合成或供体生物名称）。

2.5 基因操作方法。

2.6 目的基因表达的稳定性。

2.7 目的基因的检测和鉴定技术。

2.8 重组DNA分子的结构、复制特性和安全性。

2.9 根据本办法第十二条有关标准确定基因操作的安全类型。

3. 转基因微生物的安全性评价

3.1 转基因微生物的生物学特性；应用目的；在自然界的存活能力；遗传物质转移到其他生物体的能力和可能后果；监测方法和监控的可能性。

3.2 转基因微生物对人类的安全性。

3.2.1 人类接触的可能性及其危险性，有可能产生的直接影响、短期影响和长期影响，对所产生的不利影响的消除途径；

3.2.2 广泛应用后的潜在危险性；

3.3 转基因微生物对生态环境的安全性。

3.3.1 在环境中释放的范围、可能存在的范围以及对环境中哪些因素存在影响；

3.3.2 影响转基因微生物存活、增殖和传播的理化因素；

3.3.3 转基因微生物的稳定性、竞争性、生存能力、变异性以及致病性是否因外界环境条件的改变而改变。

3.4 转基因微生物的检测和鉴定技术。

3.5 根据本办法第十三条有关标准确定转基因微生物的安全等级。

4. 其他转基因微生物产品的安全性评价

4.1 转基因微生物产品的稳定性。

4.2 生产、加工活动对转基因微生物安全性的影响。

4.3 转基因微生物产品与转基因微生物在环境安全性方面的差异。

4.4 转基因微生物产品与转基因微生物在对人类健康影响方面的差异。

4.5 参照本办法第十四条有关标准划分其他转基因微生物产品的安全等级。

（二）其他转基因微生物试验方案

1. 试验地点

1.1 提供试验地点的气象资料、试验地点的地形环境的一般性描述、标明试验地点的示意图。

1.2 试验地周围的生态类型。

1.3 试验地点周围的相关生物种类。

1.4 试验地点的生态环境对该转基因微生物的存活、繁殖、扩散和传播的有利或不利因素，特别是环境中其他生物从该转基因微生物获得目的基因的可能性。

2. 试验设计

2.1 试验的起止时间。

2.2 转基因微生物的名称或编号。

2.3 转基因微生物在各试验地点的规模。

2.4 试验区域的大小。

2.5 转基因微生物的应用。

2.6 转基因微生物的生产、包装及贮运至试验地方式。

2.7 转基因微生物的使用方法及剂量，未使用的部分的处置方式。

3. 安全控制措施

3.1 试验生物的安全隔离。

3.1.1 隔离方式、隔离距离；

3.1.2 防止转基因微生物扩散的措施；

3.1.3 试验过程的安全控制措施；

3.1.4 试验过程中出现意外事故的应急措施。

3.2 试验生物的培养和试验结束后的处理方式。

3.3 试验结束后对试验场所的监控措施。

3.4 试验结束后的监控年限。

3.5 试验的监控负责人及其联系方式。

（三）其他转基因微生物各阶段申报要求

1. 中间试验的报告要求

1.1 项目名称：应包含目的基因名称、转基因微生物名称、试验所在省（直辖市、自治区）名称和试验阶段名称四个部分。如：转×××基因×××（微生物名称）在河南省的中间试验。

1.2 试验转基因微生物材料数量：一份报告书中菌株应当是由同一种受体微生物（受体菌株不超过5个）、相同的目的基因、相同的基因操作所获得的，而且每个转基因菌株都应有明确的名称或编号。

1.3 试验地点和规模：应在法人单位的试验基地进行。每个试验点规模不超过100升（千克）发酵产品（样品）或者陆地面积不超过4亩。试验地点应当明确试验所在的省（直辖市、自治区）、县（市）、乡、村和坐标。

1.4 试验年限：一般为一至二年。

1.5 报告中间试验一般应当提供以下相关附件资料：

1.5.1 目的基因的核苷酸序列或其推导的氨基酸序列；

1.5.2 目的基因与载体构建的图谱；

1.5.3 试验地点的位置图和试验隔离图；

1.5.4 中间试验的操作规程（包括转基因微生物的贮存、转移、销毁、试验结束后的监控、意外释放的处理措施以及试验点的管理等）；

1.5.5 试验设计（包括安全评价的主要指标和研究方法等，如转基因微生物的稳定性、竞争性、生存适应能力等）。

2. 环境释放的申报要求

2.1 项目名称：应包含目的基因名称、转基因微生物名称、试验所在省（直辖市、自治区）名称和试验阶段名称四个部分。如转×××基因×××（微生物名称）在江苏省和河北省的环境释放。

2.2 试验转基因微生物材料数量：一份申报书中菌株应当是由同一种受体菌株、相同的目的基因、相同的基因操作所获得的，其名称或编号应与中间试验阶段的相对应。

2.3 试验地点和规模：每个试验点规模不超过1 000升（千克）[一般大于100升（千克）]发酵产品（样品）或者陆地面积不超过30亩（一般大于4亩）。试验地点应当明确试验所在的省（直辖市、自治区）、县（市）、乡、村和坐标。

2.4 试验年限：一次申请环境释放的期限一般为一至

二年。

2.5 申请环境释放一般应当提供以下相关附件资料：

2.5.1 目的基因的核苷酸序列或其推导的氨基酸序列图；

2.5.2 目的基因与载体构建的图谱；

2.5.3 提供中间试验阶段安全性评价试验报告；

2.5.4 毒理学检测报告（如急性、亚急性、慢性实验，致突变、致畸变试验等）；

2.5.5 试验地点的位置图和试验隔离图；

2.5.6 环境释放的操作规程（包括转基因微生物的贮存、转移、销毁、试验结束后的监控、意外释放的处理措施以及试验点的管理等）；

2.5.7 试验设计（包括安全评价的主要指标和研究方法等，如转基因微生物的稳定性、竞争性、生存适应能力等）。

3. 生产性试验的申报要求

3.1 项目名称：应包含目的基因名称、转基因微生物名称、试验所在省（直辖市、自治区）名称和试验阶段名称四个部分。如转×××基因×××（微生物名称）在山东省的生产性试验。

3.2 试验转基因微生物材料数量：一份申报书中不超过5个转基因微生物株系（品系），这些株系（品系）应当是由同一受体菌株、相同的目的基因、相同的基因操作所获得的，而且其名称应与前期试验阶段的名称或编号相对应。

3.3 试验地点和规模：应在批准进行过环境释放的省（直辖市、自治区）进行，每个试验点规模大于1 000升（千克）发酵产品（样品）或者陆地面积大于30亩。试验地点应当明确试验所在的省（直辖市、自治区）、县（市）、乡、村和坐标。

3.4 试验年限：一次申请生产性试验的期限一般为一至两年。

3.5 申请生产性试验一般应当提供以下相关附件资料：

3.5.1 目的基因的核苷酸序列或其推导的氨基酸序列图；

3.5.2 目的基因与载体构建的图谱；

3.5.3 环境释放阶段审批书的复印件；

3.5.4 中间试验和环境释放阶段安全性评价试验的总结报告；

3.5.5 食品安全性检测报告（如急性、亚急性、慢性实验，致突变、致畸变实验等毒理学报告）；

3.5.6 通过监测，目的基因或转基因微生物向环境中转移情况的报告；

3.5.7 试验地点的位置图和试验隔离图；

3.5.8 生产性试验的操作规程（包括转基因微生物的贮存、转移、销毁、试验结束后的监控、意外释放的处理措施以及试验点的管理等）；

3.5.9 试验设计（包括安全评价的主要指标和研究方法等，如转基因微生物的稳定性、竞争性、生存适应能力、外源基因在靶动物体内的表达和消长关系等）。

4. **安全证书的申报要求**

4.1 项目名称：应包含目的基因名称、转基因微生物名称等几个部分。如：转×××基因×××（微生物名称）的安全证书。

4.2 一份申报书只能申请1个转基因微生物株系（品系），其名称和编号应当与前期试验阶段的相对应。

4.3 一次申请安全证书的使用期限一般不超过五年。

4.4 申请安全证书一般应当提供以下相关附件资料：

4.4.1 目的基因的核苷酸序列或其推导的氨基酸序列；

4.4.2 目的基因、载体图谱与转基因微生物构建的技术路线；

4.4.3 环境释放和生产性试验阶段审批书的复印件；

4.4.4 中间试验、环境释放和生产性试验阶段安全性评价试验总结报告；

4.4.5 转基因微生物对人体健康、环境和生态安全影响的综合性评价报告；

4.4.6 该类转基因微生物在国内外生产应用的概况；

4.4.7 转基因微生物检测鉴定技术；

4.4.8 转基因微生物的长期环境影响监控方法；

4.4.9 审查所需的其它相关资料。

4.5 申请安全证书的转基因微生物应当经农业部批准进行生产性试验，并在试验结束后方可申请。

附录Ⅳ

农业转基因生物安全评价管理办法

农业转基因生物及其产品安全控制措施

为避免农业转基因生物对人类健康和生态环境的潜在不利影响，特对不同等级的基因工程工作制定相应的安全控制措施。

1. 实验室控制措施

1.1 安全等级Ⅰ控制措施：

实验室和操作按一般生物学实验室的要求。

1.2 安全等级Ⅱ控制措施：

1.2.1 实验室要求：除同安全等级Ⅰ的实验室要求外，还要求安装超净工作台、配备消毒设施和处理废弃物的高压灭菌设备。

1.2.2 操作要求：除同安全等级Ⅰ的操作外，还要求：

1.2.2.1 在操作过程中尽可能避免气溶胶的产生；

1.2.2.2 在实验室划定的区域内进行操作；

1.2.2.3 废弃物要装在防渗漏、防碎的容器内，并进行灭活处理；

1.2.2.4 基因操作时应穿工作服，离开实验室前必须将工作服等放在实验室内；

1.2.2.5 防止与实验无关的一切生物如昆虫和啮齿类动物进入实验室。如发生有害目的基因、载体、转基因生物等逃逸、扩散事故，应立即采取应急措施；

1.2.2.6 动物用转基因微生物的实验室安全控制措施，还应符合兽用生物制品的有关规定。

1.3 安全等级Ⅲ控制措施：

1.3.1 实验室要求：除同安全等级Ⅱ的实验室要求外，还要求：

1.3.1.1 实验室应设立在隔离区内并有明显警示标志，进入操作间应通过专门的更衣室，室内设有沐浴设施，操作间门口还应装自动门和风淋；

1.3.1.2 实验室内部的墙壁、地板、天花板应光洁、防水、防漏、防腐蚀；

1.3.1.3 窗户密封；

1.3.1.4 配有高温高压灭菌设施；

1.3.1.5 操作间应装有负压循环净化设施和污水处理设备。

1.3.2 操作要求：除同安全等级Ⅱ的操作外，还要求：

1.3.2.1 进入实验室必须由项目负责人批准；

1.3.2.2 进入实验室前必须在更衣室内换工作服、戴手套等保护用具；离开实验室前必须沐浴；不准穿工作服离开实验室，工作服必须经过高压灭菌后清洗；

1.3.2.3 工作台用过后马上清洗消毒；

1.3.2.4 转移材料用的器皿必须是双层、不破碎和密封的；

1.3.2.5 使用过的器皿、所有实验室内的用具远离实验室前必须经过灭菌处理；

1.3.2.6 用于基因操作的一切生物、流行性材料应由专人管理并贮存在特定的容器或设施内。

1.3.3 安全控制措施应当向农业转基因生物安全委

员会报告，经批准后按其要求执行。

1.4 安全等级Ⅳ控制措施。

除严格执行安全等级Ⅲ的控制措施外，对其试验条件和设施以及试验材料的处理应有更严格的要求。安全控制措施应当向农业转基因生物安全委员会报告，经批准后按其要求执行。

2. **中间试验、环境释放和生产性试验控制措施**

2.1 安全等级Ⅰ的控制措施：采用一般的生物隔离方法，将试验控制在必需的范围内。部分转基因作物田间隔离距离见表1；

2.2 安全等级Ⅱ控制措施：

2.2.1 采取适当隔离措施控制人畜出入，设立网室、网罩等防止昆虫飞入。水生生物应当控制在人工水域内，堤坝加固加高，进出水口设置栅栏，防止水生生物逃逸。确保试验生物10年内不致因灾害性天气而进入天然水域；

2.2.2 对工具和有关设施使用后进行消毒处理；

2.2.3 采取一定的生物隔离措施，如将试验地选在转基因生物不会与有关生物杂交的地理区域；

2.2.4 采取相应的物理、化学、生物学、环境和规模控制措施；

2.2.5 试验结束后，收获部分之外的残留植株应当集中销毁，对鱼塘、畜栏和土壤等应进行彻底消毒和处理，以防止转基因生物残留和存活。

2.3 安全等级Ⅲ控制措施：

2.3.1 采取适当隔离措施，严禁无关人员、畜禽和车辆进入。根据不同试验目的配备网室、人工控制的工厂化养殖设施、专门的容器以及有关杀灭转基因生物的设备和药剂等；

2.3.2 对工具和有关设施及时进行消毒处理。防止转基因生物被带出试验区，利用除草剂、杀虫剂、杀菌剂、杀鼠剂消灭与试验无关的植物、昆虫、微生物及啮齿类动物等；

2.3.3 采取最有效的生物隔离措施，防止有关生物与试验区内的转基因生物杂交、转导、转化、接合寄生或转主寄生；

2.3.4 采用严格的环境控制措施，如利用环境（湿度、水分、温度、光照等）限制转基因生物及其产物在试验区外的生存和繁殖，或将试验区设置在沙漠、高寒等地区使转基因生物一旦逃逸扩散后无法生存；

2.3.5 严格控制试验规模，必要时可随时将转基因生物销毁；

2.3.6 试验结束后，收获部分之外的残留植株应当集中销毁，对鱼塘、畜栏和土壤等应当进行消毒和处理，以防止转基因生物残留和存活；

2.3.7 安全控制措施应当向农业转基因生物安全委员会报告，经批准后按其要求执行。

2.4 安全等级Ⅳ控制措施：

除严格执行安全等级Ⅲ的控制措施外，对其试验条件和设施以及试验材料的处理应有更严格的要求。安全控制措施应当向农业转基因生物安全委员会报告，经批准后按其要求执行。

2.5 动物用转基因微生物及其产品的中间试验、环境释放和生产性试验的控制措施，还应符合兽用生物制品的有关规定。

3. 应急措施

3.1 转基因生物发生意外扩散，应立即封闭事故现场，查清事故原因，迅速采取有效措施防止转基因生物继续扩散，并上报有关部门。

3.2 对已产生不良影响的扩散区，应暂时将区域内人员进行隔离和医疗监护。

3.3 对扩散区应进行追踪监测，直至不存在危险。

表1 主要农作物田间隔离距离（参考）

作物名称 Crop Species	隔离距离（米） Isolation Distance（m）	备注 Note
玉米*Zea mays* L.	300	或花期隔离25天以上
小麦*Triticum aestivum*	100	或花期隔离20天以上
大麦*Hordeum vulgare*	100	或花期隔离20天以上
芸薹属*Brassica* L.	1 000	–
棉花*Gossypium* L.	150	–
水稻*Oryza sativa* L.	100	或花期隔离20天以上
大豆*Glycine max*（L.）Merrill	100	–
番茄*Lycopersicumescul entum* Mill	100	–
烟草*Nicotiana tabacum*	400	–
高粱*Sorghumvulgare* Pers.	500	–
马铃薯*Solanum tuberosum* L.	100	–
南瓜*Cucurbita pepo*	700	–
苜蓿 *Trifoliumre pens*	300	–
黑麦草 *Lolium perenne*	300	–
辣椒*Capsicum annum*	100	–